物联网
安装调试与运维

孙昕炜　孙光明　黄春永　主　编　　中级
吴志毅　孙永明　郭雷岗　董泽芳　副主编

U0249045

清华大学出版社
北　京

内 容 简 介

本书深入贯彻1+X职业技能等级证书——物联网安装调试与运维（中级）的核心精神，旨在为读者提供一本具有实际操作指导意义的专业教材。作为该权威证书的配套教材，本书的编写理念是构建一个以实际项目为驱动、以读者兴趣为导向的现代化课程体系。

本书精心策划了5个贴近现实的物联网应用场景，包括新能源工厂智慧园区系统设计、智能生产终端设备安装与调试、四季丰农场智慧育苗数据管道构建、南山隧道环境监测系统云平台配置与应用，以及幸福里智能家居系统搭建与维护。这些场景不仅涉及物联网安装调试与运维的核心知识，还围绕智能终端组网、数据管理构建、物联网云平台应用、物联网系统运维等四个核心工作领域展开详细讲解。每一个场景都配备丰富的实践步骤和理论解析，旨在帮助读者从实践中掌握物联网安装调试与运维的精髓。

通过本书的学习，读者不仅能够系统地学习物联网安装调试与运维的理论知识，更能在实践中锻炼自己的实际操作能力。本书将理论与实践相结合，旨在培养读者在物联网领域的安装调试与运维能力。无论是作为职业教育中的物联网及相关专业的核心课程教材，还是1+X职业技能等级证书——物联网安装调试与运维（中级）认证培训的首选教材，本书都能为读者提供宝贵的参考和启示。

图书在版编目（CIP）数据

物联网安装调试与运维：中级 / 孙昕炜，孙光明，
黄春永主编 . -- 北京：清华大学出版社，2024. 9.
ISBN 978-7-302-67116-9

Ⅰ . TP393.4；TP18

中国国家版本馆 CIP 数据核字第 2024BZ3071 号

责任编辑：袁金敏
封面设计：杨玉兰
版式设计：方加青
责任校对：徐俊伟
责任印制：刘 菲

出版发行：清华大学出版社
    网 址：https://www.tup.com.cn，https://www.wqxuetang.com
    地 址：北京清华大学学研大厦 A 座   邮 编：100084
    社 总 机：010-83470000   邮 购：010-62786544
    投稿与读者服务：010-62776969，c-service@tup.tsinghua.edu.cn
    质 量 反 馈：010-62772015，zhiliang@tup.tsinghua.edu.cn
印 装 者：三河市天利华印刷装订有限公司
经 销：全国新华书店
开 本：185mm×260mm 印 张：19.5 字 数：423 千字
版 次：2024 年 9 月第 1 版 印 次：2024 年 9 月第 1 次印刷
定 价：79.00 元

产品编号：097932-01

前　　言

随着新一代信息技术的迅猛推进，全球科技革命正以前所未有的速度席卷工业、服务业等多个领域，催生出深刻而广泛的变革。在这一变革中，数字化转型升级已经成为现代产业发展的核心驱动力，智能经济与产业的深度融合正在成为推动区域经济发展的重要引擎。特别是在物联网、大数据、云计算、人工智能、5G和区块链等数字技术的广泛应用下，产业与经济的快速发展注入了前所未有的强大动力。

物联网作为新一代信息技术的重要组成部分，其全球发展趋势日益明显。物联网技术的应用范围已经广泛覆盖智能制造、智能交通、智能家居、智慧农业等多个领域，成为推动经济社会发展的新动力。据预测，到2025年，全球物联网市场规模预计将超过1.5万亿美元，物联网设备数量将超过750亿台。这一巨大的市场潜力吸引了众多创新型企业的涌现，物联网行业呈现出蓬勃发展的态势。

然而物联网行业的快速发展也带来了人才需求的急剧增加。物联网技术涉及领域广泛，技术更新迅速，对从业者的专业素质和技能要求不断提高。因此，物联网行业面临着严重的人才短缺问题。与此同时，相关院校在物联网专业建设过程中也面临着诸多挑战，如课程体系局限、教学内容与实际需求脱节、教材和教学资源不足等，这些问题都严重制约了物联网人才的培养质量。

为了应对这些挑战，我们编写了此书，旨在实现人才培养与1+X职业技能等级证书的紧密对接，通过开发适用的教材来顺应社会发展的需求以及师生的成长需要。本书旨在帮助读者掌握物联网安装调试与运维的核心技能，培养具备实践能力和创新精神的物联网专业人才。

本书共设计5个核心教学项目，包括新能源工厂智慧园区系统设计、智能生产终端设备安装与调试、四季丰农场智慧育苗项目数据管道构建、南山隧道环境监测系统云平台配置与应用、幸福里智能家居系统搭建与维护。这些项目都紧密结合了物联网技术的实际应用场景，通过实践操作帮助读者深化对物联网技术的理解和掌握。本书内容安排见表1。

表1　本书内容安排

项　目	任　务	课　时
新能源工厂智慧园区系统设计	认知物联网安装与运维	2
	物联网安装与运维项目分析	2
	物联网安装与运维项目设计	2
智能生产终端设备安装与调试	终端设备选取	4
	设备装接	4
	设备参数配置过程	2
	设备调试过程	2
四季丰农场智慧育苗项目数据管道构建	物联网网络设备分类	2
	智慧育苗项目设备选型	2
	智慧育苗项目部署与配置	4
	智慧育苗项目边缘采集设备配置与调试	4
南山隧道环境监测系统云平台配置与应用	隧道内环境监测改造——云平台设备管理	4
	隧道外环境监测改造——云平台数据呈现	4
	隧道监测系统云组态应用	3
	隧道监测系统综合调试	3
幸福里智能家居系统搭建与维护	搭建智能家居应用系统	4
	智能家居系统运行与维护	2
	智能家居系统检测工具的使用	3
	幸福里智能家居系统售后服务	3

　　本书遵循"做中学"和"学中做"的教学原则，通过情境化的故事和应用趣味性的项目设计来激发学生的学习兴趣。在任务导向的操作方式下，读者能够获得直观且贴近实际的学习体验，并在实践中不断提升自己的物联网安装调试能力。同时，本书还注重培养学生的工匠精神和职业素养，为他们的未来发展奠定坚实基础。

　　本书的编写团队由具有丰富项目实战经验的企业工程师和具备深厚教学背景的院校骨干专业教师组成。在编写过程中，团队充分引入了企业项目资源，并结合学校多年积累的教学经验，确保教材内容的科学性、创新性和实用性。同时，我们还积极与企业合作，确保教材内容与行业需求紧密相连，帮助学生在校期间就能掌握行业所需的最新技能。

　　本书既可作为职业教育物联网及相关专业的核心课程教材，也可作为1+X职业技能等级证书——物联网安装调试与运维（中级）的认证培训用书。对于从事物联网安装调试、物联网项目安装与调试、物联网项目运行与维护、物联网项目售后技术支持等职业岗位的人员以及物联网技术爱好者而言，本书亦具有重要的参考价值。

在教学方面，我们建议教师在教授本书时采用"理实一体化"的教学模式，尽可能在互动环节完成教学任务。同时，教师可以参考的教学学时为56学时，教学过程中也可以根据培训计划、教学方式的选择（集中学习或分散学习）以及教学内容的增减等因素灵活调整课时安排。此外，我们还鼓励教师利用线上线下教学资源，开展丰富多彩的课外活动，以激发学生的学习兴趣和创造力。

总之，本书旨在为物联网行业培养具备实践能力和创新精神的专业人才，为推动物联网行业的持续发展提供有力支持。我们希望通过本书的学习，读者能够全面掌握物联网安装调试与运维的核心技能，为未来的职业发展奠定坚实基础。同时，我们也期待与广大师生、企业和社会各界共同努力，推动物联网行业的繁荣与发展。

目　录

项目1　新能源工厂智慧园区系统设计 ··················· 1

  1.1　任务1　认知物联网安装与运维 ···················· 8

    1.1.1　任务工单与任务准备 ···················· 8

    1.1.2　任务目标 ···················· 10

    1.1.3　任务规划 ···················· 10

    1.1.4　任务实施 ···················· 10

    1.1.5　任务评价 ···················· 15

    1.1.6　任务反思 ···················· 15

  1.2　任务2　物联网安装与运维项目分析 ···················· 16

    1.2.1　任务工单与任务准备 ···················· 16

    1.2.2　任务目标 ···················· 19

    1.2.3　任务规划 ···················· 19

    1.2.4　任务实施 ···················· 20

    1.2.5　项目实战 ···················· 25

    1.2.6　任务评价 ···················· 29

    1.2.7　任务反思 ···················· 30

  1.3　任务3　物联网安装与运维项目设计 ···················· 31

    1.3.1　任务工单与任务准备 ···················· 31

    1.3.2　任务目标 ···················· 34

    1.3.3　任务规划 ···················· 34

    1.3.4　任务实施 ···················· 35

　　　　1.3.5　项目实战 ………………………………………………………… 42

　　　　1.3.6　任务评价 ………………………………………………………… 48

　　　　1.3.7　任务反思 ………………………………………………………… 49

　　1.4　课后习题 ………………………………………………………………… 50

项目2　智能生产终端设备安装与调试 ……………………………… 51

　　2.1　任务1 终端设备选取 …………………………………………………… 53

　　　　2.1.1　任务工单 ………………………………………………………… 53

　　　　2.1.2　任务目标 ………………………………………………………… 53

　　　　2.1.3　任务规划 ………………………………………………………… 54

　　　　2.1.4　任务实施 ………………………………………………………… 54

　　　　2.1.5　项目实战 ………………………………………………………… 60

　　　　2.1.6　任务评价 ………………………………………………………… 62

　　　　2.1.7　任务反思 ………………………………………………………… 62

　　2.2　任务2 设备装接 ………………………………………………………… 63

　　　　2.2.1　任务工单 ………………………………………………………… 63

　　　　2.2.2　任务目标 ………………………………………………………… 63

　　　　2.2.3　任务规划 ………………………………………………………… 64

　　　　2.2.4　任务实施 ………………………………………………………… 65

　　　　2.2.5　项目实战 ………………………………………………………… 75

　　　　2.2.6　任务评价 ………………………………………………………… 76

　　　　2.2.7　任务反思 ………………………………………………………… 76

　　2.3　任务3 设备参数配置过程 ……………………………………………… 77

　　　　2.3.1　任务工单 ………………………………………………………… 77

　　　　2.3.2　任务目标 ………………………………………………………… 77

　　　　2.3.3　任务规划 ………………………………………………………… 77

　　　　2.3.4　任务实施 ………………………………………………………… 78

　　　　2.3.5　任务评价 ………………………………………………………… 91

　　　　2.3.6　任务反思 ………………………………………………………… 91

　　2.4　任务4 设备调试过程 …………………………………………………… 92

　　　　2.4.1　任务工单 ………………………………………………………… 92

　　　　2.4.2　任务目标 ………………………………………………………… 92

　　　　2.4.3　任务规划 ………………………………………………………… 92

　　　　2.4.4　任务实施 ………………………………………………………… 93

　　　　2.4.5　任务评价 ……………………………………………………… 102

　　　　2.4.6　任务反思 ……………………………………………………… 102

　　2.5　课后习题 …………………………………………………………… 103

项目3　四季丰农场智慧育苗项目数据管道构建 …………………… 104

　　3.1　任务1　物联网网络设备分类 …………………………………… 107

　　　　3.1.1　任务工单与任务准备 …………………………………………… 107

　　　　3.1.2　任务目标 ……………………………………………………… 111

　　　　3.1.3　任务规划 ……………………………………………………… 111

　　　　3.1.4　任务实施 ……………………………………………………… 112

　　　　3.1.5　任务评价 ……………………………………………………… 114

　　　　3.1.6　任务反思 ……………………………………………………… 114

　　3.2　任务2　智慧育苗项目设备选型 ………………………………… 115

　　　　3.2.1　任务工单与任务准备 …………………………………………… 115

　　　　3.2.2　任务目标 ……………………………………………………… 123

　　　　3.2.3　任务规划 ……………………………………………………… 123

　　　　3.2.4　任务实施 ……………………………………………………… 124

　　　　3.2.5　任务评价 ……………………………………………………… 127

　　　　3.2.6　任务反思 ……………………………………………………… 128

　　3.3　任务3　智慧育苗项目部署与配置 ……………………………… 129

　　　　3.3.1　任务工单与任务准备 …………………………………………… 129

　　　　3.3.2　任务目标 ……………………………………………………… 131

　　　　3.3.3　任务规划 ……………………………………………………… 131

　　　　3.3.4　任务实施 ……………………………………………………… 131

　　　　3.3.5　任务评价 ……………………………………………………… 153

　　　　3.3.6　任务反思 ……………………………………………………… 153

　　3.4　任务4　智慧育苗项目边缘采集设备配置与调试 ……………… 154

　　　　3.4.1　任务工单与任务准备 …………………………………………… 154

　　　　3.4.2　任务目标 ……………………………………………………… 155

　　　　3.4.3　任务规划 ……………………………………………………… 155

　　　　3.4.4　任务实施 ……………………………………………………… 158

　　　　3.4.5　任务评价 ……………………………………………………… 171

　　　　3.4.6　任务反思 ……………………………………………………… 171

　　3.5　课后习题 …………………………………………………………… 172

项目4 南山隧道环境监测系统云平台配置与应用 ……………………… **173**

  4.1 任务1 隧道内环境监测改造——云平台设备管理 ……………… 179

    4.1.1 任务工单与任务准备 ……………………………………… 179

    4.1.2 任务目标 ………………………………………………… 181

    4.1.3 任务规划 ………………………………………………… 181

    4.1.4 任务实施 ………………………………………………… 182

    4.1.5 任务评价 ………………………………………………… 193

    4.1.6 任务反思 ………………………………………………… 193

  4.2 任务2 隧道外环境监测改造——云平台数据呈现 ……………… 194

    4.2.1 任务工单与任务准备 ……………………………………… 194

    4.2.2 任务目标 ………………………………………………… 196

    4.2.3 任务规划 ………………………………………………… 196

    4.2.4 任务实施 ………………………………………………… 197

    4.2.5 任务评价 ………………………………………………… 207

    4.2.6 任务反思 ………………………………………………… 207

  4.3 任务3 隧道监测系统云组态应用 ……………………………… 208

    4.3.1 任务工单与任务准备 ……………………………………… 208

    4.3.2 任务目标 ………………………………………………… 208

    4.3.3 任务规划 ………………………………………………… 209

    4.3.4 任务实施 ………………………………………………… 210

    4.3.5 任务评价 ………………………………………………… 219

    4.3.6 任务反思 ………………………………………………… 219

  4.4 任务4 隧道监测系统综合调试 ………………………………… 220

    4.4.1 任务工单 ………………………………………………… 220

    4.4.2 任务目标 ………………………………………………… 220

    4.4.3 任务规划 ………………………………………………… 220

    4.4.4 任务实施 ………………………………………………… 221

    4.4.5 项目实战 ………………………………………………… 228

    4.4.6 任务评价 ………………………………………………… 231

    4.4.7 任务反思 ………………………………………………… 232

  4.5 课后习题 ………………………………………………………… 233

项目5　幸福里智能家居系统搭建与维护 ·························· **234**

5.1　任务1　搭建智能家居应用系统·························238
5.1.1　任务工单与任务准备·························238

5.1.2　任务目标·························239

5.1.3　任务规划·························239

5.1.4　任务实施·························240

5.1.5　项目实战·························252

5.1.6　任务评价·························263

5.1.7　任务反思·························263

5.2　任务2　智能家居系统运行与维护·························264
5.2.1　任务工单与任务准备·························264

5.2.2　任务目标·························267

5.2.3　任务规划·························267

5.2.4　任务实施·························268

5.2.5　项目实战·························270

5.2.6　任务评价·························272

5.2.7　任务反思·························272

5.3　任务3　智能家居系统检测工具的使用·························273
5.3.1　任务工单与任务准备·························273

5.3.2　任务目标·························277

5.3.3　任务规划·························277

5.3.4　任务实施·························278

5.3.5　项目实战·························283

5.3.6　任务评价·························284

5.3.7　任务反思·························284

5.4　任务4　幸福里智能家居系统售后服务·························285
5.4.1　任务工单与任务准备·························285

5.4.2　任务目标·························287

5.4.3　任务规划·························288

5.4.4　任务实施·························288

5.4.5　项目实战·························293

5.4.6　任务评价·························295

5.4.7　任务反思·························296

5.5　课后习题·························297

项目 1
新能源工厂智慧园区系统设计

智慧园区作为采用新一代信息与通信技术的园区，具备信息感知、传递和处理的综合能力。其核心目标在于提升产业集聚能力、企业经济竞争力以及园区的可持续发展。通过深入整合信息技术和各类资源，智慧园区成功将"智慧"元素融入建设和运营的每一个细节，进而创新园区的组织架构，实现园区的可持续发展。

智慧园区应具备系统独立运行、数据互通以及智慧化分析等关键特征，以确保其稳定、高效地运行。此外，智慧园区的管理及服务平台作为园区现代化管理的核心，整合了原有的智能软硬件系统，建立了统一的数据库，并搭建了强大的管理网络和服务器群组。这不仅提高了园区的整体管理效率和服务水平，还增强了园区的互动性，进一步塑造了智慧园区的良好形象。

项目概述 ▶

实现智慧园区系统设计需要以下9个关键步骤。

1）规划和愿景

在推进智慧园区的建设之前，首要任务是明确规划目标和愿景。必须清晰界定希望解决的问题和改善的领域，以确保后续行动的针对性和有效性。例如，对于交通、能源、环境、公共服务等方面的问题，需要制定出具体、可操作的改善目标。通过这样的方式，能够确保智慧园区的规划与实际需求紧密结合，为园区的可持续发展奠定坚实基础。

2）基础设施建设

为了打造具备高度智能化和便捷性的智慧园区，必须对园区基础设施进行强化和完善，包括提升宽带网络覆盖率、优化传感器基础设施、普及智能设备以及完善通信基础设施等关键要素。只有确保这些基础设施的稳定运行，才能为智慧园区应用的顺畅运行提供坚实的支撑，进而推动园区的可持续发展。

3）数据收集和管理

为确保各类数据的准确性和完整性，亟须构建一套健全的数据收集和管理机制。该机制应全面覆盖智慧园区的多个领域，以便对相关数据进行高效采集。在实施数据收集过程中，必须对数据的质量、安全性和隐私保护给予高度关注，以确保所收集的数据真实可信且安全保密。

4）数据分析和决策支持

运用尖端的大数据解析与人工智能技术，对收集的数据进行深度解析和挖掘，精准地提取出有价值的资讯和洞见，为设计者提供科学的设计依据。在实践应用中，例如智能园区规划等领域，均能发挥至关重要的作用。

5）智能应用

为满足园区发展需求并实现既定目标，使用各类智能应用。这些应用广泛覆盖智慧园区的系统。将有效提升园区运行效率，降低资源消耗，提升居民生活质量，从而积极推动园区的可持续发展。

6）合作和参与

为推动智慧园区的落地和进步，必须积极与政府、企业、学术机构和社区等相关方展开合作。为了更好地整合资源、优化配置，实现智慧园区的可持续发展，建立一个开放的数据共享和协作平台至关重要。在此过程中，各方需共同参与、协作配合，确保智慧园区的顺利推进。

7）监测和评估

为了确保智慧园区的稳定运行，需要建立一套持续运维机制，并对其进行定期评估。根据运维监测和评估结果，应及时调整相关措施，优化智慧园区的管理模式，以实现更高的运行效率。

8）持续创新

随着科技的日益革新和园区发展的动态变化，必须持续推进智慧园区系统的创新与优化工作，以适应和满足园区不断演变的需求。此举不仅有助于提升园区的运营效能，而且能为园区使用者创造更为便捷、宜居的生活环境。因此，应持续进行技术更新与系统升级，从而确保智慧园区系统的长足发展与进步。

9）多方合作

实现智慧园区系统需要多方面的合作和努力，包括政府、企业、学术机构和社区等。通过规划和愿景、基础设施建设、数据收集和管理、智能应用、合作和参与、监测和评估以及持续创新等步骤，可以建立一个高效、可持续和宜居的智慧园区系统。

知识储备

1. 什么是物联网项目

　　物联网项目是一种利用互联网技术，将物理世界中的各种物体和设备相互连接，以实现对这些物体和设备的状态、行为的实时监控、分析和控制的工程项目。物联网技术体系架构如图 1-1 所示，其主要特点如下。

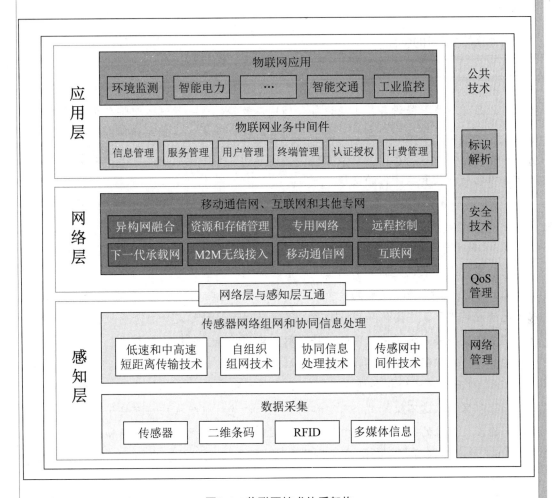

图1-1　物联网技术体系架构

　　（1）全面感知能力：物联网项目的核心在于能够全面感知物理世界中的各种信息和数据。这需要依靠各类传感设备，通过远程信息获取技术，实现对各种信息和数据的实时监控。

　　（2）可靠传输网络：在收集各类信息和数据后，物联网项目需要依靠可靠的传输网络，将所感知的各种信息和数据实时传输至处理中心。传输过程中应确保信息的完整性、及时性和真实性，并具备抗干扰、防病毒和防攻击等能力。

（3）智能处理能力：物联网项目通过各种内置芯片、服务器设备及系统专用软件等上端设备，对传输过来的信息和数据进行智能处理。这一过程能够实现各环节的信息共享，以及对设备和物体的可靠控制。

物联网项目在多个领域具有广泛的应用前景，如家庭、工业、交通和医疗等。通过实现智能化、自动化和精细化管理，物联网项目能够为各行各业带来巨大的经济效益和社会效益。

2. 物联网项目的特点

物联网项目具备以下显著特点。

（1）为实现各类设备、物品和传感器之间的广泛连接，将构建一个庞大的网络体系，以覆盖各类智能设备、工业设备和园区设施等。这一网络体系将采用先进的通信技术，确保各类设备、物品和传感器之间进行稳定、高效、安全的数据传输和信息共享。通过这一网络体系，可以更好地实现设备间的互联互通，提高生产效率和生活品质，推动智能化和数字化的发展。

（2）该部署的规模十分庞大，其覆盖范围广泛，涵盖了家庭、工厂、园区以及农田等多个领域。

（3）致力于深度融入各行业和业务领域，以智能化生产和信息化管理为核心，推动企业实现更高效、更低成本的生产与管理。

（4）在系统设计中，需要高度重视实时性要求，包括实时采集、传输和处理数据，以及迅速应对设备状态变化和用户需求。必须确保系统的稳定性和可用性，以满足用户的需求和提高客户满意度。因此，将采取一系列措施，包括优化算法、加强系统监控和维护等，以确保系统的实时性和稳定性。

（5）在面临严峻的安全挑战的情况下，必须采取有效的安全措施，以确保数据安全和隐私保护。这不仅是对个人隐私的尊重，也是对组织机构的重要保障。应采取严谨、稳重、理性的态度，制定并执行安全策略，以确保数据安全和隐私保护。

（6）技术日新月异，必须时刻关注新技术和标准的进展，以确保项目的竞争力和前沿性。

（7）根据不同行业和场景的特定需求，定制化开发的必要性凸显。必须根据具体需求进行定制化开发，以满足特定场景的需求，确保产品的适用性和实用性。

（8）运营维护工作较为复杂，需要解决设备故障、网络异常等各类问题，以确保项目的长期稳定运行。

3. 物联网项目的发展

物联网项目的发展是一个多元化议题，涉及科技、经济、社会和政策等方面。

以下是影响物联网项目发展的关键要素。

1）技术演进

物联网技术的持续进步对于项目的推动力不容小觑。传感器技术、网络通信技术、云计算技术和数据分析技术等领域的长足发展，为物联网项目的拓展提供了更加广阔的空间。

2）成本降低

物联网技术的普及使得相关设备和服务的成本逐步降低，从而进一步推动物联网项目的普及和应用。这不仅有利于提升生产效率，降低运营成本，还有助于创新商业模式，实现可持续发展。因此，政府和企业应积极拥抱物联网技术，加强合作，共同推动物联网产业的发展。

3）政策扶持

政府的政策指引与扶持对物联网项目的进步起着至关重要的作用。政府可通过出台相关政策及标准，为物联网项目的普及与实施创造有利的外部环境。

4）市场需求

市场需求在推动物联网项目发展中扮演着至关重要的角色。随着消费者和企业在物联网应用方面的需求持续增长，将进一步激发物联网项目的涌现和普及。

5）创新与创业

在推动物联网项目发展中，创新和创业无疑发挥着核心作用。正是借助这两大引擎，才得以开发出具有更强竞争力的物联网项目，从而推动整个物联网产业的蓬勃发展。

6）人才培养

物联网项目的推进离不开人才的支撑，因此政府和企业应加强人才培养与培训，以确保物联网项目拥有足够的人才储备。这不仅有助于提升项目实施效率，还有利于推动整个行业的持续发展。

7）产业链合作

物联网项目的发展需要产业链上下游的紧密协作。企业应与供应商、客户、竞争对手和其他利益相关方建立稳固的合作关系，以共同促进物联网项目的顺利推进。

8）社会认知

为促进物联网项目的普及和应用，政府和企业应积极提升社会公众对其认知和理解。通过宣传和教育等多种途径，加强对物联网项目的宣传和普及，以促进社会对物联网的认知和理解。

4. 物联网项目生命周期

物联网项目生命周期如图 1-2 所示，其影响因素如下。

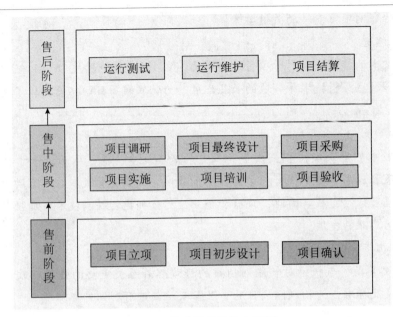

图1-2　物联网项目生命周期

1）需求调研与分析

在物联网工程生命周期的起始阶段，首要任务是对项目的目标和需求进行深入剖析，明晰所需功能、性能指标及成本预算。此阶段的核心工作是与项目利益相关者进行全面、深入的沟通，确保对需求有准确、全面的把握。

2）系统架构设计与方案制定

在完成需求调研后，将依据调研结果进行系统架构设计，并制定出满足需求的硬件和软件方案。在制定方案的过程中，将充分考虑技术可行性和成本效益等因素，以确保方案的合理性和可行性。同时，将形成详尽的设计文档和规范，以便后续的开发和实施工作能够顺利进行。

3）开发与集成

根据系统设计方案，将进行详细的软件开发、硬件配置以及系统集成工作。在此过程中，将严格遵循设计要求，并选用适当的开发工具和技术，以确保所实现的系统与预期目标保持一致。

4）测试与验证

为了确保开发完成的系统符合需求，需要对其进行全面的测试和验证。测试工作应涵盖单元测试、集成测试和系统测试等多个层面，以确保系统的功能、性能和安全性均达到预期标准。在测试过程中，需要对测试结果进行深入分析和评估，以确保系统能够满足客户的需求和期望。

5）部署与上线准备

在将系统部署至实际运行环境的过程中，需要进行细致的配置和调试工作，以确保系统的稳定运行。在此阶段，需要充分考虑实际运行环境的具体需求，例如网络连接的稳定性、硬件设备的性能以及安全设置的严密性等。同时，还需要根据实际情况进行必要的优化和调整，以满足实际运行环境的需求，并确保系统的稳定性和可靠性。

6）维护与升级

应当对已经上线的系统进行不间断的维护与升级工作，确保其运行的稳定性和数据的安全性。在这个阶段，需要定期对系统进行全面的检查，及时发现并修复存在的问题，同时进行必要的优化工作。此外，还需要根据业务需求的变化，对系统的功能和性能进行升级和扩展，以满足不断变化的市场需求。

7）废弃与回收

当系统不再使用或需要淘汰时，应按照规定对系统的硬件和软件设备进行废弃和回收处理。在处理过程中，应充分考虑环保和资源利用因素，采取适当的处理方式，如回收或再利用等，以降低对环境的负面影响。同时，应确保处理过程符合相关法律法规和标准要求，确保废弃物得到妥善处理和资源化利用。

学习目标

1.知识目标

（1）了解智慧园区的设计以及特点。

（2）了解物联网项目的概念。

（3）了解物联网项目的生命周期。

2.技能目标

（1）学习物联网项目特点。

（2）学习什么是物联网安装与运维。

（3）学习物联网安装与运维的特点。

（4）学习物联网安装与运维的职责。

1.1 任务1 认知物联网安装与运维

1.1.1 任务工单与任务准备

1.1.1.1 任务工单

认知物联网安装任务工单如表1-1所示。

表1-1 任务工单

任务名称	认知物联网安装与运维	学时	2	班级	
组别		组长		小组成绩	
组员姓名			组员成绩		
实训设备	桌面式实训操作平台	实训场地		时间	
学习任务	① 了解什么是物联网安装与运维。 ② 了解物联网安装与运维的特点。 ③ 了解物联网安装与运维的职责				
任务目的	学习物联网安装与运维，了解物联网安装与运维的特点，深入了解物联网安装与运维的职责，并根据物联网安装与运维的概念、特点、职责制订学习计划				
任务实施要求	理论为主，两位同学可以分别以提问的形式分析物联网安装与运维的概念、特点以及所具备的职责				
实施人员	以小组为单位，成员2人				
结果评估（自评）	完成□ 基本完成□ 未完成□ 未开工□				
情况说明					
客户评估	很满意□ 满意□ 不满意□ 很不满意□				
客户签字					
公司评估	优秀□ 良好□ 合格□ 不合格□				

1.1.1.2 任务准备

物联网是指利用互联网技术实现各种物体的互联互通，实现信息的传递与共享。随着技术的不断发展，物联网已对各行各业产生了深远影响，并对社会生活产生了重大变革。物联网的发展基于其三大核心特征，并可划分为四大主要类别。

1. 物联网的三个特征

1）感知互联特征

物联网通过先进的感知技术，将各类传感器、标签等设备与物体紧密结合，实现对物体的全面感知和数据采集。这些设备能够实时捕获物体的各类信息，包括但不限于温度、湿度以及位置等。这些感知器件发挥了至关重要的作用，将复杂的物理世界信息成功转化为可供处理的数字信号。这些数字信号可以进一步通过强大的网络系统，迅速传输至云端或其他处理设备。最终这些数据得以集中收集、深度分析并应用于各种场景，为人们的生产生活带来极大的便利与效益。

2）通信互联特征

物联网运用互联网、无线通信以及传统通信技术，将各类物体相互连接，构建起庞大且复杂的通信网络。在此网络中，物体间可实现数据的交换与通信，确保信息流畅无阻。物联网的通信互联特性使其成为一个巨大的信息交互平台，为人们提供便捷的沟通与交流方式。

3）服务智能特征

物联网利用云计算、大数据和人工智能等技术，对收集的数据进行深度分析和处理，进而为用户提供个性化的服务和智能化的应用。通过运用智能分析算法，物联网能够准确把握用户的需求和行为模式，从而为其提供精准的推荐和预测。这种精确的服务模式，不仅能够提升用户体验，还能有效提升用户价值。

2. 物联网的四种分类

1）个人物联网

个人物联网主要是以个人生活及工作需求为基础构建的物联网系统，涵盖诸多领域，如智能家居、智能健康监测以及智能穿戴设备等。此类物联网着眼于个体需求和习惯，通过应用物联网技术，旨在提供更为便捷、智能的生活与工作模式。

2）城市物联网

城市物联网是利用物联网技术构建智慧城市的系统。通过在城市中布置各种传感器和设备，实现对城市各方面的感知和管理，例如交通、环保、安全等领域。通过智能化的数据分析和应用，城市物联网能够提升园区的管理效率，优化资源配置，提高公共服务水平，从而提升居民的生活质量。

3）工业物联网

工业物联网是指采用物联网技术对工业生产和制造过程进行智能化管理的系统。通过在生产设备和产品中集成传感器和通信模块，可以实时采集、追溯和分析生产数据，从而优化生产流程、提高生产效率和产品质量。此外，工业物联网还可以实现设备的远程监控和管理，降低人力和物力成本，提升工业生产的智能化和自动化水平，为企业创造更大的价值。

4）农业物联网

农业物联网是一个利用物联网技术优化农业生产与管理的系统。在农田、农作物以及养殖场，通过配置各类传感器和自动化设备，实现对土壤、气候、水源等环境因素的实时感知和监测。这种技术可以帮助农民更合理地利用资源，提高生产效率，从而实现精准农业和农业的可持续发展。

1.1.2　任务目标

（1）了解什么是物联网安装与运维。

（2）了解物联网安装与运维的特点。

（3）了解物联网安装与运维的职责。

1.1.3　任务规划

根据所学相关安装与调试的知识，制订并完成本次任务的实施计划。计划的具体内容可以包括任务前准备、分工等，任务中的具体实施步骤，以及任务完成后的总结等内容，任务规划表如表1-2所示。

表1-2　任务规划表

任务名称	认知物联网安装与运维	
任务计划	① 学习什么是物联网安装与运维。 ② 学习物联网安装与运维的特点。 ③ 学习物联网安装与运维的职责	
达成目标	充分了解物联网项目的概念及特点，物联网智慧园区的设计理念，物联网安装与运维的概念、特点和工作职责	
序号	任务内容	所需时间/分钟
1	了解物联网的基础知识	20
2	了解什么是物联网安装与运维	20
3	了解物联网安装与运维的特点	20
4	了解物联网安装与运维的职责	30

1.1.4　任务实施

小王同学通过学习了解了物联网安装与运维的概念、物联网安装与运维的特点以及物联网安装与运维的工作职责，想在毕业以后从事物联网安装与运维的工作，请根据下面的资料，帮助小王同学制订一个可以从事物联网安装与运维工作的学习计划。物联网安装与运维学习架构图如图1-3所示。

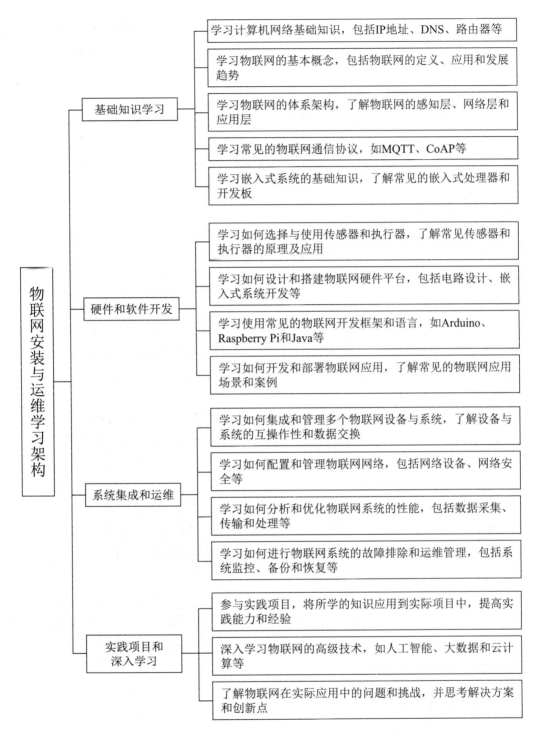

图1-3　物联网安装与运维学习架构图

1. 物联网安装与运维的概念

1）物联网基础知识

物联网（Internet of Things，IoT）是一个庞大且重要的概念，它是指通过信息传感设备，如射频识别装置、红外线传感器、全球定位系统以及激光扫描器等，根据预定的协议，对各类物品进行信息交换和通信，从而实现物品的智能化识别、定位、追踪、监控和管理的网络系统。

2）设备接入与配置

物联网设备的接入与配置是实现物联网生态系统运行的关键环节。在设备接入过程中，需谨慎选择符合需求的设备，并确定适当的接入方式。此外，设备的参数设置也需遵循统一的协议和标准，以确保不同设备间的互操作性，进而实现万物互联的目标。

3）数据传输与处理

物联网中的数据传输是关键环节，其核心任务是将数据从设备中高效地传输至数据中心或云端。数据处理则涵盖了数据的预处理工作，包括数据清洗、分类及分析等步骤，旨在从海量数据中提炼出有价值的信息，为后续的数据应用提供支持。

4）网络管理与维护

物联网设备数量庞大且分布广泛，因此对网络的管理与维护至关重要。为确保网络的稳定性、安全性和效率，必须进行细致的网络规划，对设备进行实时监控，以及及时诊断和修复故障。

5）安全与隐私保护

随着物联网的普及，安全与隐私保护成为重要议题。需要采取有效的安全措施，防止数据被非法获取或篡改。同时，对于涉及个人隐私的信息，需进行适当的保护和处理。

6）数据分析与应用

数据分析在物联网应用中扮演着至关重要的角色。通过系统化地对收集的数据进行深度剖析，能够挖掘出具有重要价值的信息，为决策过程提供有力支持。此外，数据分析的结果在多个领域具有广泛的应用价值，例如智能制造和智慧园区建设等。

7）故障排除与系统优化

物联网系统的复杂性要求高度重视故障排除和系统优化工作。为了确保系统的正常运行，需要对故障进行快速定位、准确分析和及时修复。同时，还需要持续优化系统性能，提升系统的稳定性和可靠性。这些工作的有效开展对于保障物联网系统的正常运转至关重要。

2. 物联网安装与运维的特点

1）技术要求高

物联网安装与运维是一项技术要求较高的工作，涉及的技术领域广泛，包括嵌入式系统、无线通信、云计算、大数据分析等。因此，运维人员需要具备扎实的技术基础和持续学习的能力，以应对不断发展的技术环境。只有不断学习和提升自己的技术水平，才能确保系统的稳定性和高效性，满足物联网不断发展的需求。

2）覆盖范围广

物联网的核心目标是将实体世界与数字领域进行无缝对接，促成万物之间的互联互通。这一概念的应用领域极为广泛，涵括智能家居、智能交通、智能工业以及智慧农业等多个重要领域。因此，对于负责运维的人员而言，他们需要具备宽广的视野和丰富的知识储备，以便能够满足不同业务领域的独特运维需求。

3）依赖网络环境

物联网系统的运行高度依赖于网络环境，设备间的通信与数据传输都需要稳定的网络连接来保障。网络环境的稳定性对物联网系统的运行起到了至关重要的作用。为确保系统的正常运行，运维人员必须时刻关注网络状况，及时发现并解决网络故障问题。

4）跨领域合作

物联网运维工作涉及多个领域，如通信、IT和传感器制造等，需要运维人员具备强大的跨领域合作能力。运维人员需要与不同领域的专家进行有效沟通与协作，共同解决复杂问题。同时，了解各领域的最新技术和标准，以优化系统设计也是运维人员的必备能力。因此，在物联网运维过程中，具备较强跨领域合作能力以及掌握各领域最新技术和标准的人才，将成为推动物联网运维工作的重要力量。

5）安全性重要

随着物联网技术的广泛应用，安全问题也愈发显得重要。由于物联网设备数量庞大且分布广泛，一旦发生安全事故，可能会带来严重的后果。因此，运维人员需要采取切实有效的安全措施，以确保设备和数据的安全。此外，还需要不断学习并关注最新的安全动态，以便及时发现并修复可能存在的安全漏洞，从而确保整个系统的安全性。

6）持续优化需求

物联网系统因其设备数量庞大和数据处理复杂，需不断进行优化和改进。运维人员应根据实际运行情况，调整系统配置，改进数据处理和分析方法，以满足不断变化的需求。此外，关注新技术发展并应用至系统中，是提高系统竞争力的关键。

7）高效运维管理

物联网系统的运维管理是一项复杂且重要的任务，涉及众多设备和海量数据的监控、维护和管理。为确保高效运维，运维人员需借助先进的运维管理工具和平台，实现自动化监控、预警及故障排查等功能，进而提升运维效率。此外，建立健全的运维流程和规范也至关重要，以确保运维工作得以有序、高效推进。

3. 物联网安装与运维工作职责

物联网安装与运维人员的职责涵盖物联网系统的整个生命周期，从硬件设备的采购、安装、配置，到系统的运行维护、优化升级等。他们需深入理解各类硬件设备、网络通信协议以及各类软件应用，能够独立完成设备管理、数据采集、处理、存储以及分析工作。这些技能使他们能够确保物联网系统安全、稳定且高效地运行。同时，物联网系统的架构极为复杂，涉及多种类型的设备和多种技术，因此，他们需要具备全面的技术知识和丰富的实践经验，以应对各种挑战。

1）设备安装与调试

在物联网系统的建设与运行过程中，设备的安装与调试作为基础且核心的环节，其重要性不容忽视。根据设备的技术规格和专业标准，进行精确的装配和全面的测试，是确保设备正常运行并达到性能标准的关键步骤。在设备安装过程中，必须对设备的防震、防尘、防潮等防护措施给予足够的关注，以确保设备在各种复杂环境中均能保持稳定的运行状态。

2）网络维护与管理

物联网运维工作主要是对网络进行维护和管理，涵盖网络规划、设计、实施、优化以及故障排除等环节。为了确保物联网设备和系统的正常运行，需要定期检查网络的连通性、可用性和安全性，并对网络中出现的各种问题进行监控和解决。

3）数据采集与处理

物联网应用中，数据采集环节至关重要。运维人员需定期对数据采集设备进行运行状况检查，确保数据能够准确、实时地传输至系统。此外，数据处理工作亦需严谨进行，包括数据清洗、分类、分析等步骤，以确保为上层应用提供可靠的数据支撑。

4）系统故障排查与处理

物联网系统的故障类型可能极为多样化，这就要求运维人员具备专业的技能来准确排查和有效处理这些故障。通过实施严密的系统运行状况监控，并运用专业知识和经验对故障现象进行精确判断，运维人员应迅速找到故障根源并予以解决，从而确保整个物联网系统的稳定运行。

5）安全配置与防护

随着物联网技术的广泛应用，安全问题逐渐凸显其重要性。运维人员必须密切关注系统的安全配置和防护工作，包括但不限于用户权限管理、数据加密、访问控制等关键安全措施的部署。此外，及时了解最新的安全动态，定期进行安全审计和风险评估，也是保障物联网系统安全性的必要手段。通过这些措施，可以有效降低物联网系统的安全风险，确保其稳定、安全地运行。

6）用户培训与技术支持

运维人员需为用户提供必要的培训和技术支持，确保用户能够充分理解和有效使用物联网设备和系统。培训内容应涵盖设备操作、数据解析及系统管理等层面，并提供实时技术支持，及时解决用户在实际操作中遇到的问题。

7）平台配置与优化

物联网平台的配置与优化作为运维人员的重要职责之一，涵盖硬件和软件配置、系统参数调整以及性能优化等方面。通过对平台的精心配置和持续优化，不仅能够显著提升平台的处理能力，还能有效增强平台的稳定性与安全性，从而全面提升物联网系统的整体性能。

8）性能监控与分析

性能监控及分析在保障物联网系统稳定运行方面具有不可替代的重要作用。作为运维人员，需要定期对系统的各项性能指标进行严密监控和深入分析，这些指标主要包括CPU使用率、内存占用率以及网络带宽等关键数据。通过对这些数据的监控和分析，可以及时发现系统可能存在的瓶颈和潜在问题，为系统的优化和升级提供有力依据。

9）能源管理及节能

在能源消耗持续增长的背景下，能源管理和节能工作在物联网运维中的地位日益凸显。运维人员需密切关注设备能耗状况，采取切实有效的节能措施，如调整设备运行模式、优化系统参数等，以降低能源消耗、提高能源利用效率。

10）需求分析与应对

在物联网应用的持续推进中，需求也在不断演变。为应对这些变化和挑战，运维人员需及时对新的需求进行深入分析，并相应地调整和完善运维策略与方案。此外，运维人员还需密切关注行业动态与技术发展趋势，以便为未来的运维工作做好充分准备。

1.1.5 任务评价

任务完成后，填写任务评价表，如表1-3所示。

表1-3 任务评价表

检查内容	检查结果	满意率
了解物联网的基础知识	是□ 否□	100%□ 70%□ 50%□
了解什么是物联网安装与运维	是□ 否□	100%□ 70%□ 50%□
了解物联网安装与运维的特点	是□ 否□	100%□ 70%□ 50%□
了解物联网安装与运维的职责	是□ 否□	100%□ 70%□ 50%□
完成任务后使用的工具是否摆放、收纳整齐	是□ 否□	100%□ 70%□ 50%□
完成任务后工位及周边的卫生环境是否整洁	是□ 否□	100%□ 70%□ 50%□

1.1.6 任务反思

根据小王同学总结的从事物联网安装与运维工作所需要学习的知识内容，思考是否还有其他的知识点需要学习，并且如何规划以后的学习内容。

1.2 任务2 物联网安装与运维项目分析

1.2.1 任务工单与任务准备

1.2.1.1 任务工单

物联网安装与运维项目分析任务工单如表1-4所示。

表1-4 任务工单

任务名称	物联网安装与运维项目分析	学时		2	班级	
组别		组长			小组成绩	
组员姓名			组员成绩			
实训设备	桌面式实训操作平台	实训场地			时间	
学习任务	了解物联网项目需求与分析过程，学习绘制填写项目需求表，并编写项目进程表					
任务目的	在物联网项目中，需求分析是一个至关重要的环节。深入了解项目的需求，并进行细致的分析，以确保项目的顺利实施，需要进行项目调研，收集相关的数据和信息，为后续的需求分析提供依据。在调研的基础上，需要编写并绘制项目需求表，明确项目的各项需求和细节。同时，为了更好地管理项目进度，还需要使用甘特图绘制项目进程表，明确项目的进度安排和关键节点。通过这一系列的过程，可以确保项目的顺利进行，并达到预期的目标					
任务实施要求	① 了解项目的需求获取与分析过程，掌握甘特图的绘制流程。 ② 根据智慧园区项目的调研结果，全面梳理客户需求，并准确填写项目需求表。 ③ 基于项目需求表，运用甘特图详细规划项目进程，确保项目按时完成					
实施人员	以小组为单位，成员2人					
结果评估（自评）	完成□ 基本完成□ 未完成□ 未开工□					
情况说明						
客户评估	很满意□ 满意□ 不满意□ 很不满意□					
客户签字						
公司评估	优秀□ 良好□ 合格□ 不合格□					

1.2.1.2 任务准备

物联网项目需求与分析过程如下。

1. 项目目标

物联网项目需求与分析的核心目标是深入理解和研究物联网项目的各项需求，以确保项目的顺利推进并实现预期的效益。为达成这一目标，需要从多个维度，包括业务需求、技术需求和安全需求等进行全面而细致的探究，以保障项目的圆满成功。

2. 需求调研

在物联网项目需求分析的起始阶段，必须全面深入地了解项目的目标、背景以及相关利益方的诉求。为了精准把握客户或用户的业务场景、业务流程、目标和发展规划，将综合运用访谈、问卷调查和现场观察等多种调研手段，以获取最直接、最真实的第一手资料。此外，还将对市场和技术环境进行全面的研究，以深入了解行业的发展趋势和竞争态势。通过这一系列严谨细致的步骤，将能够为物联网项目提供更为精准、更具针对性的需求分析。

3. 需求分析

在完成需求调研后，必须对收集到的信息进行有条理的整理、归类、分析和评估。这个过程需要采用严谨的科学方法及工具，例如功能解析、流程梳理、数据解析以及场景模拟等。通过深入细致的分析，要将用户需求精确地转化为系统需求，进而明确系统的各项核心要素，包括功能模块、接口和数据结构等。

4. 需求规格说明

在完成需求分析后，需编写一份详尽的需求规格说明书。这份说明书旨在全面阐述项目的目标、范围、功能需求、非功能需求（包括性能、安全等方面的要求），以及各种约束和假设条件。为了确保项目实施过程中对需求的准确理解和实现，该说明书必须具备高度的准确性和完整性。通过这份详尽的需求规格说明书，能够确保项目的顺利推进。

5. 可行性分析

在确定了项目的目标和需求之后，需进一步深入研究项目的实施可能性。这一研究应从多个维度出发，全面考量技术、经济以及社会等方面。通过细致的分析，可以对项目的风险和成本进行合理评估，同时也能更准确地预测项目对业务和组织的潜在价值。此外，在研究过程中，还需特别关注技术实现的复杂程度和数据安全防护等关键要素。

6. 项目预算

在物联网项目需求分析中，预算的规划和分配是一项极其关键的任务。预算必须全面覆盖硬件设备采购、软件开发与维护成本、人力资源成本等各项费用，以确保项目的顺利进行。此外，还需要深入考虑项目的投资回报率和经济效益等因素，以确保项目的长期发展和盈利能力。通过严谨、稳重、理性、官方的语言风格改写，旨在强调预算规划和分配在物联网项目需求分析中的重要性，以及综合考虑经济效益和可持续发展等方面的必要性。

7. 时间计划

在物联网项目需求分析中，制订详细的时间计划是至关重要的。该计划必须明确界定各阶段的时间节点和关键里程碑，同时对各项任务的具体进度进行精密的安排。此外，还需充分预见项目实施过程中可能出现的风险和变化因素，并为此制定应对措施和备选方案。在规划时间计划时，务必遵循SMART原则，确保计划的每一项内容都具备明确的具体性、可衡量性、可达成性、相关性和明确的时限，从而保障时间计划的有效实施和管理，为项目的顺利推进提供坚实的支撑。

8. 风险评估

在物联网项目需求分析中，风险评估与管理具有至关重要的地位。风险涵盖技术、市场、管理和财务等多个维度，任何一方面的疏忽都可能对项目产生重大影响。因此，必须通过严谨的风险评估流程，深入挖掘项目中潜在的问题与挑战，并提前制定应对策略和预案。为确保项目的稳健推进和成功实施，需要定期重新评估并监控项目的风险状况。这样，一旦发现风险，可以迅速调整策略，有效应对可能出现的风险，从而确保项目的顺利进行。

9. 资源调配

在物联网项目的需求分析过程中，对所需各类资源的科学统筹规划是必不可少的，涉及人力资源、物资资源以及技术资源等方面，需要进行全面细致的考虑。只有通过合理的资源配置和管理，才能提高项目的执行效率，增加项目的经济效益，同时有效降低成本和风险。此外，为了实现项目的长期可持续发展目标，还需要充分考虑资源的可持续利用和环境保护等相关因素，以确保项目的可持续发展。

10. 沟通协作

在物联网项目需求分析过程中，良好的沟通协作至关重要。为了确保信息的准确传递和充分理解，团队成员之间必须进行及时、有效的沟通与协作。为促进团队之间的协同合作，提高工作效率与质量，必须建立健全的沟通机制和协作平台。此外，还需重视团队成员的培训与发展，提升其技能和能力水平，为项目的顺利实施提供坚实保障。通过严谨、稳重、理性、官方的语言风格改写，凸显了沟通协作在物联网项目中的关键作用，并提出了相应的措施与建议。

知识链接

甘特图（Gantt Chart）是专门用于描述项目进度和计划的条形图。该图以时间轴作为横轴，各类活动或任务作为纵轴，通过条形标识来展现各项任务的具体开始与结束时间。项目负责人可以通过甘特图直观地了解到任务当前的完成情况，以及与预期计划之间的偏差。

绘制甘特图的步骤如下。

（1）明确项目涉及的所有活动和任务，包括活动的名称、顺序、开始时间、工期，以及任务之间的依赖关系。

（2）创建甘特图的初步框架，将所有活动按照开始时间、工期标注在图表上。

（3）确定活动之间的依赖关系和时序进度，通过草图将相关活动联系起来，并合理安排其顺序。为确保未来计划调整时，各项活动仍能按照正确的时序进行，必须遵循以下原则。

① 确保所有依赖性活动在决定性活动完成之后按计划展开，以确保活动的正确时序。

② 避免关键性路径过长，关键性路径是项目的最长耗时和最短可能时间，其长度可能因单项活动进度提前或延期而发生变化。

③ 合理分配项目资源，避免浪费，同时为进度表上的不可预知事件预留适当的富余时间。

④ 富余时间不适用于关键性任务，因为关键性任务的时序进度对整个项目至关重要。

（4）精确计算单项活动任务的工时量。

（5）明确活动任务的执行人员，并确保工时的适时调整以满足需求。

（6）借助专业性软件，自动化计算整个项目的时间。

1.2.2 任务目标

（1）完成对新能源工厂智慧园区项目需求的调研工作，并对各系统进行深入分析。

（2）根据新能源工厂智慧园区项目具体情况，详细填写各系统项目需求调研表。

（3）基于新能源工厂智慧园区的调研分析结果，采用甘特图方式绘制项目进度表。

1.2.3 任务规划

根据所学相关安装与调试的知识，制订并完成本次任务的实施计划。计划的具体内容可以包括任务前准备、分工等，任务中的具体实施步骤，以及任务完成后的总结等内容，任务规划表如表1-5所示。

表1-5 任务规划表

任务名称	新能源工厂智慧园区项目需求调研及项目进展规划	
任务计划	① 掌握项目需求调研与流程分析技术。 ② 掌握甘特图的制作方法与流程。 ③ 针对智慧园区项目，调研客户的实际需求，并进行深入剖析。 ④ 根据调研结果，设计并填写项目需求表，确保信息的准确性和完整性。 ⑤ 依据项目需求表，运用甘特图绘制项目进程表，以直观的方式展示项目进度和关键节点	
达成目标	关于物联网安装与运维项目需求调研的执行工作，将进行深入的研究和分析。同时，为了更好地掌握项目的进展情况，将采用绘制甘特图的方式进行项目进度的实时跟踪和管理	
序号	任务内容	所需时间/分钟
1	智能安防系统需求调研	10
2	智能环境监控系统需求调研	10
3	智能照明系统需求调研	10
4	智能能源管理系统需求调研	10
5	智能停车系统需求调研	10
6	根据项目需求填写项目需求调研表	20
7	使用甘特图绘制项目进度表	20

1.2.4 任务实施

1.2.4.1 编写物联网项目需求表

1. 项目背景

某新能源工厂在物联网快速发展背景下，准备对集团所在园区进行智能化升级，以应对其园区占地面积广、建筑多样、员工数量庞大所带来的管理挑战。该集团对于园区的信息化程度有着极高的要求，希望通过智慧园区的建设，有效提升园区的运营效率和管理水平，以满足其日益增长的业务需求。

2. 需求分析

通过对企业园区的深入调研和分析，确定了以下需求。

1）智能安防

物联网智能安防系统主要依托物联网技术，以实现安全监控、预防报警、智能识别等功能的优化，从而提升安全防范的效率和准确性。具体来说，物联网智能安防涵盖以下几方面。

（1）报警系统：于重要地安置警报装置，若遇异常状况，警报器即时发出警示，以提醒相关人员作出应对。

（2）门禁系统：物联网门禁系统，凭借其强大的技术实力，可实现全方位的门禁控制和安全管理。通过远程控制，可以灵活地开关门禁，并实施精细的权限管理，从而有效地保障园区的安全。

（3）应急处理：在应对突发事件时，物联网智能安防系统具备快速响应和协调处理的能力，能够最大限度地降低人员和财产损失的风险。

2）智能环境监控

物联网智能环境监控系统，通过运用物联网技术，对环境进行实时监测与调控，旨在实现环境质量与安全性的智能化管理。该系统具备以下显著特点。

（1）实时监控：借助各类传感器和设备，对环境中的温度、湿度、二氧化碳等参数以及可能影响环境质量的各类因素进行实时监测，确保对环境状况的及时掌握。

（2）数据分析：对监测所获得的数据进行深度处理和精确分析，全面掌握环境质量状况及变化动向，从而为相关决策提供坚实可靠的科学依据。

（3）预警与报警机制：依据预设的阈值和规则，有效实现预警和报警功能，确保及时发现并处理环境问题，保障环境安全。

（4）智能调控：根据监测数据和实际需求，系统具备自动调整环境参数，如温度、湿度等的功能，从而确保环境的舒适度和安全性。

（5）可视化展示：采用可视化技术，将环境监测数据以直观、清晰的方式呈现，帮助用户快速理解监测结果及变化趋势，便于作出合理决策。

3）智能照明

物联网智能照明是利用物联网技术、有线/无线通信技术、电力载波通信技术、嵌入式计算机智能化信息处理以及节能控制等技术构建的分布式照明控制系统。该系统能实现对照明设备的智能化控制，具有显著的优势。首先，它能有效提升照明系统的能效，节约能源；其次，通过智能控制，可以实现照明场景的灵活切换，提升用户体验；再次，它可以远程监控和控制照明设备，方便管理；最后，通过智能化信息处理，可以实现故障预警和自动修复，提高系统的稳定性和可靠性。

（1）智能化控制：智能化控制技术依托物联网技术，为照明设备提供远程操控和智能化管理。在满足不同场景和需求的前提下，该技术能够自动调节灯光亮度、色温及照明方式等参数，旨在提升照明舒适度和能效。

（2）节能环保：物联网智能照明系统采用先进的节能控制技术，能够根据实际需求自动调节照明亮度，有效避免能源的浪费，降低碳排放，为环境保护做出积极贡献。

（3）可视化运维：利用数据可视化技术，将照明设备的运行状态及参数以直观的形式展现出来，有助于用户更便捷地进行设备运维与管理工作。此举不仅能提升运维效率，更能增强运维的准确性。

（4）安全可靠：物联网智能照明设备具备高度的安全可靠性能，稳定性优异，有效保障了照明的稳定性和安全性，为人们提供了可靠的照明环境。

4）智能能源管理

（1）能源数据监测：能源数据监测在物联网智能能源管理中占据着核心地位。通过配置各类传感器和数据采集设备，能够实时监控各类能源（如电、水、燃气等）的消耗情况，获取其使用量及状态等相关信息。经过适当的处理，这些数据将为后续的能源控制、分析和调度工作提供重要的数据支持。

（2）能源控制：物联网智能能源管理具备关键的能源控制功能。基于实时的能源数据监测，该系统能够实现自动或远程控制能源设备的开关，从而对能源使用进行精确调控。例如，智能空调可以根据室内温度和人员情况自动调整温度和湿度，以实现节能目标。

（3）能源调度：物联网智能能源管理中的能源调度应用，旨在通过对各类能源使用情况的精准预测和分析，实现能源的优化配置。通过深入挖掘历史用电数据，系统能够预测未来一段时间的用电需求，并自动调整供电计划，确保实际需求得到满足的同时，能耗得到最大限度的降低，从而达到节能减排、提升能源利用效率的目的。

5）智能停车

（1）路外停车：指位于园区道路红线范围之外的各类停车设施。这些设施主要包括建筑物配建的停车场（库）以及社会停车场两大类。如今，通过物联网技术的运用，这些路外停车设施可以实现智能化管理，有效提升停车位的使用效率并降低空置率，为园区交通出行提供更为便捷、高效的服务。

（2）道路停车：通过在特定路段设置停车位并采用地磁、地锁等智能化设备，可以实现对停车位的精细化管理。这种智能化的道路停车方式不仅提高了园区道路的利用率，而且为驾驶员提供了更加便捷的停车服务。

（3）智能车位锁：通过蓝牙技术进行控制，确保车位的安全使用。当车锁处于升起状态时，任何车辆都无法进入该停车位；而车锁降下后，对应车辆则可以顺利驶入。这种智能车位锁的运用，对于业主而言，有效地防止了其他车辆非法占用私人车位，进一步提升了停车位的使用安全与便利性。

（4）车牌识别技术：利用摄像头拍摄车牌或ETC进行车辆身份精准识别，通过记录车辆进出场时间进行费用计算，确保车辆快速通过收费通道，免去人工记录的烦琐程序。

3. 云平台设计需求

物联网云平台在功能上主要关注以下几点。

（1）设备接入和管理：云平台必须具备强大的设备接入和管理能力，能够处理各类物联网设备的接入，同时兼容并支持多种通信协议和接口标准。此外，平台还应提供安全可靠的数据传输和存储服务，保障设备与云端之间的数据交互安全可靠。

（2）数据处理和分析：由于物联网设备将产生海量数据，因此云平台必须具备实时的或接近实时的数据处理与分析功能。这一功能涵盖数据清洗、整合、存储及查询等方面。通过上述方式，能够确保数据的准确性和可靠性，进而支撑高效的业务运营和决策制定。

（3）场景化应用：云平台应具备根据不同应用场景提供相应服务和功能的能力。具体而言，这些服务和功能包括设备远程监控、设备控制、事件预警等。这些功能是必要的，以确保在不同的应用场景中，能够实现有效的管理和控制。通过这些场景化应用，云平台能够更好地满足用户的需求，提高设备的运行效率和安全性。

（4）安全性保障：鉴于物联网设备和数据的安全性至关重要，云平台必须具备强大的安全防护和保障机制，包括设备身份验证、数据加密以及访问控制等功能。

（5）智能分析和预测：运用机器学习和人工智能技术，云平台应具备对设备数据进行智能分析和预测的能力，以提供更具前瞻性的服务。通过对设备数据的深度挖掘和分析，云平台能够预测设备的运行状态和趋势，从而使用户能够更好地理解并应对潜在问题。

（6）具备灵活的扩展性和定制性：随着物联网设备的不断增多和应用的多样化，云平台必须具备优秀的可扩展性和可定制性，以适应不同规模和类型的设备和应用的接入和管理需求，确保系统的稳定性和高效性。

4. 技术实现

为实现上述方案，采用了以下技术。

（1）传感器技术：传感器技术作为物联网智慧园区的基础，承担着采集和传输各类数据信息的核心任务。通过传感器技术，能够将复杂多样的数据信息高效地转化为数字信号，进而便于精确处理与分析，为物联网智慧园区的运行提供有力支撑。

（2）无线通信技术：无线通信技术在物联网智慧园区的网络建设中发挥着重要作用，使各设备和系统之间能够实现实时信息交互和数据传输。这些技术主要涉及WiFi、ZigBee、LoRa等无线通信方式。

（3）云计算技术：作为物联网智慧园区的核心，云计算技术承担了数据的存储和处理的重大职责。依托该技术，可以实现数据的集中存储和处理，从而为数据分析和挖掘提供了便利。

（4）大数据分析技术：大数据分析技术是一种重要的数据处理工具，主要用于对大规模数据集进行深入分析和处理。通过该技术，可以从海量的数据中提取出有价值的信息，进而更好地理解和掌握园区的运营状况和变化趋势。大数据分析技术的应用，将有助于园区管理者做出更加科学、合理的决策，推动园区的可持续发展。

（5）人工智能技术：人工智能技术在物联网智慧园区中具有重要应用价值。通过应用人工智能技术，可以实现园区的自动化控制和智能调度等功能，为园区的运营提供更加智能化的决策和操作。这不仅可以提高园区的运营效率，还可以提升园区的智能化水平，为园区的可持续发展提供有力支持。

5. 填写调研需求记录表

根据调研内容填写调研需求记录表，如表1-6所示。

表1-6 调研需求记录表

项目名称	瑞智集团智慧园区项目		
调研人员	小王	调研日期	××××年××月××日
智慧园区需求内容			
智能安防	报警系统	设置报警系统，有异常情况立即报警	
	门禁系统	实现门禁控制和安全管理，可以远程控制门禁的开关和权限管理，保证园区的安全	
	应急处理	物联网智能安防可以通过快速响应和协调处理，最大程度地减少人员和财产损失	
智能环境监控	实时监测	实时监测环境中的温度、湿度、二氧化碳等参数，以及各种可能影响环境质量的因素	
	数据分析	对监测到的数据进行处理和分析，了解环境质量和变化趋势，为决策提供科学依据	
	预警和报警	通过预设的阈值和规则，实现预警和报警功能，及时发现和处理环境问题	
	智能调控	根据监测数据和需求，智能调节环境参数，如温度、湿度等，保证环境的舒适性和安全性	
	可视化管理	通过数据可视化的方式，展示环境监测结果和变化趋势，方便用户理解和分析	
智能照明	智能化控制	通过物联网技术，实现对照明设备的远程控制和智能化管理，可以根据不同场景和需求，自动调节灯光亮度、色温、照明方式等参数，提高照明的舒适度和能效	
	节能环保	物联网智能照明采用节能控制技术，根据实际需要自动调节照明亮度，避免能源浪费，同时也可以减少对环境的影响	
	可视化运维	通过数据可视化的方式，展示照明设备的运行状态和参数，方便用户进行运维和管理，提高运维的效率和精度	
	安全可靠	物联网智能照明设备具有较高的安全性能和稳定性，可以有效保证照明的可靠性和安全性	
智能能源管理	能源数据监测	通过安装各种传感器和数据采集设备，实时监测能源的消耗情况，包括电、水、燃气等各类能源的使用量、使用状态等信息	
	能源控制	基于实时的能源数据监测，系统能够自动或远程控制能源设备的开关，实现对能源使用的精确控制	
	能源调度	通过对各类能源的使用情况进行预测和分析，系统可以合理调度能源的供应和需求，以实现能源的优化配置	
智能停车	路外停车	通过物联网技术实现智能化管理，提高停车位的使用效率，并降低空置率	
	道路停车	在特定路段设置停车位，并通过地磁、地锁等设备实现停车位的智能化管理。这种方式的优点是可以充分利用园区道路资源，方便驾驶员停车	
	智能车位	通过蓝牙控制车锁升降，车锁升起时，车辆无法进入停车位；车锁降落后，对应车辆可以驶入	
	车辆识别	通过摄像头拍摄车牌或ETC以准确识别车辆身份，记录车辆的进出场时间以准确收费，使车辆快速通过，无须停车进行人工记录	

1.2.5　项目实战

1. 使用Excel绘制甘特图

Excel是微软Office套件的核心组件，具备强大的数据处理、统计分析以及辅助决策功能。广泛应用于管理、统计财经、金融等多个领域，为各类用户提供高效便捷的服务。Excel内置了大量的公式函数，用户可以根据实际需求进行选择和应用，可以轻松进行计算、信息分析以及数据管理，进一步提升数据处理效率。随着计算机技术的不断发展，Excel在办公自动化领域的应用也愈发广泛和重要。

2. 甘特图绘制方法

步骤1：创建基础数据。

在制作甘特图之前，需要先创建甘特图所需的基础数据，如图1-4所示，其中必要的基础数据如下。

项目信息包括客户名称、项目名称、项目编号、项目负责人。

时间信息包括计划时间和实际时间，计划时间和实际时间均有开始时间和结束时间，并做有横向时间轴。

项目具体实施内容包括项目阶段性计划、阶段性计划的具体任务、每一个任务都有一个计划时间和实际时间。

注意：基础数据按实际需求而定。

	A	B	C	D	E	F	G	H	I	J	K	L	M	N	O	P	Q	R	S	T	U	V	W	X	Y	Z	AA	AB	AC
1	新能源工厂智慧园区升级改造项目进程表																												
2	客户名称	XXXX集团							项目名称					新能源工厂智慧园区升级改造项目													项目编		
3	时间计划		开始时间	结束时间	三月																								
4					3/10	3/11	3/12	3/13	3/14	3/15	3/16	3/17	3/18	3/19	3/20	3/21	3/22	3/23	3/24	3/25	3/26	3/27	3/28	3/29	3/30	3/31	4/1	4/2	4/3
5	第一阶段：项目需求调研																												
6	第一阶段：项目需求调研	计划时间																											
7		实际时间																											
8	第二阶段：项目需求调研	计划时间																											
9		实际时间																											
10	阶段总结及评审	计划时间																											
11		实际时间																											
12	第二阶段：项目需求分析																												
13	智能安防系统	实际时间																											
14		计划时间																											
15	智能环境监测系统	实际时间																											
16		计划时间																											
17	智能照明系统	实际时间																											
18		计划时间																											
19	智能能耗管理系统	实际时间																											
20		计划时间																											
21	智能停车系统	实际时间																											
22		计划时间																											
23	阶段总结及评审	实际时间																											
24		计划时间																											

图1-4　创建基础数据

步骤2：创建横向时间轴，如图1-5和图1-6所示。

选中所有横向时间轴，横向时间轴以时间格式××××年-××月-××日显示。

右击，在弹出的快捷菜单中执行“表格”|“设置单元格格式”|“数字”|“自定义”命令。

在“类型”中输入d，表示时间格只显示到日。

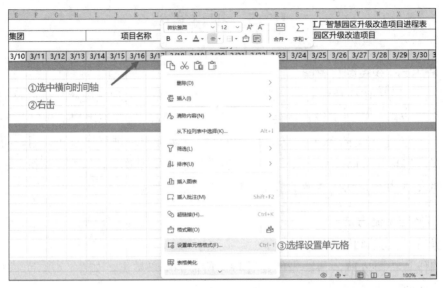

图1-5　设置时间显示

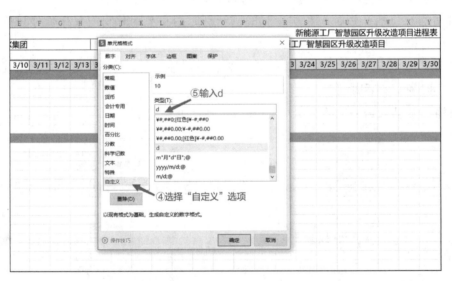

图1-6　创建横向时间轴

步骤3：设置计划时间柱形图。

选中计划时间的所有横向日期，然后在菜单栏中单击"条件格式"下拉按钮，在下拉列表中选择"新建规则"选项，如图1-7所示。

步骤4：设置新建规则。

在"选择规则类型"中选择"使用公式确定要设置格式的单元格"选项。

在"只为满足以下条件的单元格设置格式"下的输入框中输入"＝AND(E\$4>=\$C6,E\$4<=\$D6)"。

其中E\$4为横向时间轴的第一个时间所在的单元格，\$C6为计划开始时间，\$D6为计划结束时间，注意所选单元格可根据自己实际做单元为准。

如图1-8所示。

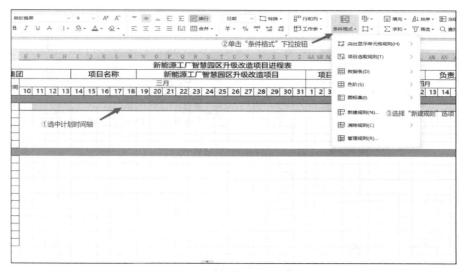

图1-7　设置计划时间柱形图

图1-8　设置新建规则

步骤5：添加柱形图颜色。

设置完公式以后，单击下方的"格式（F）"按钮，在弹出的"单元格格式"对话框中选择合适的图形颜色，单击"确定"按钮，如图1-9所示。

步骤6：输入开始时间和结束时间。

右侧会针对开始时间和结束时间形成一个时间进度，可以根据横向时间轴查看进度，如图1-10所示。

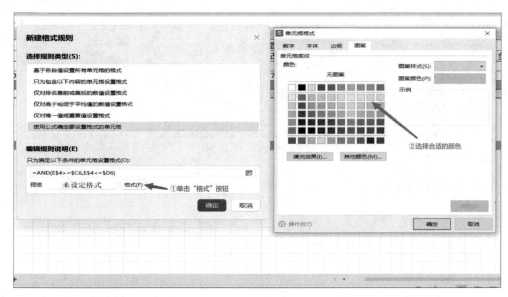

图1-9　添加柱形图颜色

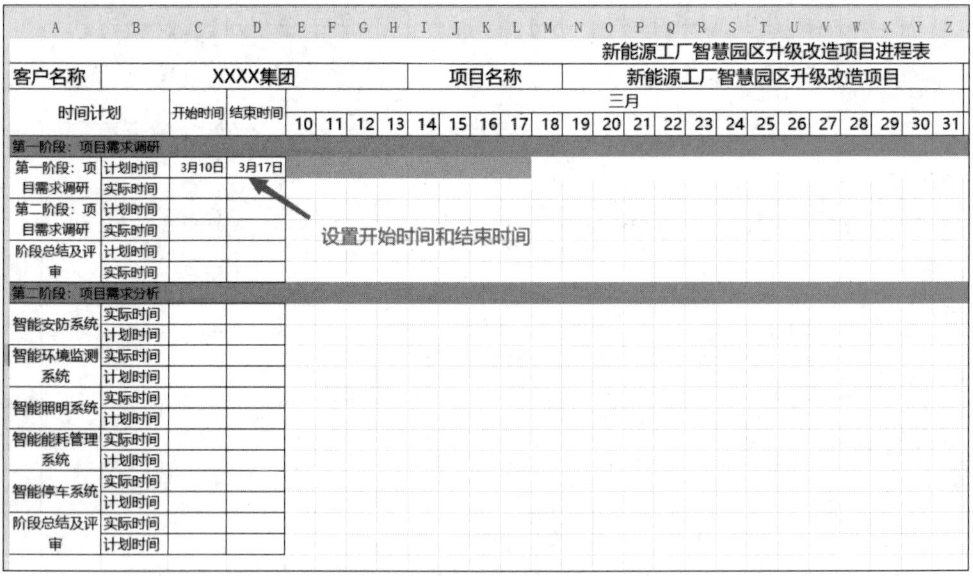

图1-10　输入开始时间和结束时间

步骤7： 设置所有的计划时间。

选中设置好的计划时间框，右击，按Ctrl+C组合键复制。

将下方所有的计划时间一一选中，右击，按Ctrl+V组合键粘贴。

这样所有的计划时间的柱形显示图就设置完毕。

在所有任务的计划内输入开始时间和结束时间就能在右侧看见所有计划时间的时间轴，如图1-11所示。

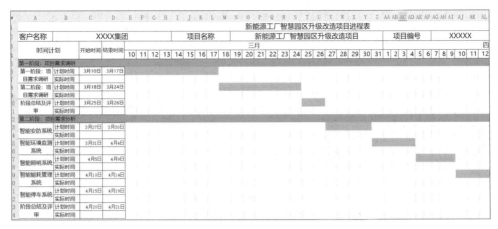

图1-11　设置所有的计划时间

步骤8：设置实际时间。

按照设置计划时间的方法，完成实际时间设置，如图1-12所示。

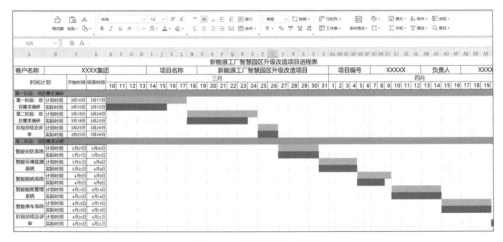

图1-12　设置实际时间

完成整个项目的需求与设计进展图以后，可以实时查看项目进展，以及项目的实施情况，通过甘特图可以更明显地统计出来。

1.2.6　任务评价

任务完成后，填写任务评价表，如表1-7所示。

表1-7　任务评价表

检查内容	检查结果	满意率		
智能安防系统需求调研	是□　否□	100%□	70%□	50%□
智能环境监控系统需求调研	是□　否□	100%□	70%□	50%□
智能照明系统需求调研	是□　否□	100%□	70%□	50%□

检查内容	检查结果	满意率		
智能能源管理系统需求调研	是□　否□	100%□	70%□	50%□
智能停车系统需求调研	是□　否□	100%□	70%□	50%□
根据项目需求填写项目需求调研表	是□　否□	100%□	70%□	50%□
使用甘特图绘制项目进度表	是□　否□	100%□	70%□	50%□
完成任务后使用的工具是否摆放、收纳整齐	是□　否□	100%□	70%□	50%□
完成任务后工位及周边的卫生环境是否整洁	是□　否□	100%□	70%□	50%□

1.2.7　任务反思

在设计项目进展表的甘特图中，有没有其他的设计方法可以进一步提升项目进展的可见性和美观度，探索并实践更优的设计方案，以实现项目进度的清晰展示和视觉效果的和谐统一。

1.3 任务3 物联网安装与运维项目设计

1.3.1 任务工单与任务准备

1.3.1.1 任务工单

物联网安装与运维项目设计任务工单如表1-8所示。

表1-8 任务工单

任务名称	物联网安装与运维项目设计	学时	2	班级	
组别		组长		小组成绩	
组员姓名			组员成绩		
实训设备	桌面式实训操作平台	实训场地		时间	
学习任务	根据物联网项目需求与分析过程，设计出合理的物联网设计方案，并绘制出拓扑图				
任务目的	根据任务需求对现有项目进行设计选型，并学习绘制项目设计拓扑图，满足后期项目实施				
任务实施要求	① 根据项目要求进行合理选型与规划设计。 ② 学习Visio画图工具，熟练掌握拓扑图的绘制				
实施人员	以小组为单位，成员2人				
结果评估（自评）	完成□　基本完成□　未完成□　未开工□				
情况说明					
客户评估	很满意□　满意□　不满意□　很不满意□				
客户签字					
公司评估	优秀□　良好□　合格□　不合格□				

1.3.1.2 任务准备

1. 物联网项目总体设计

1）项目需求分析

在物联网项目设计的起始阶段，应进行深入的需求分析，确保对项目目标、业务需求、用户需求以及技术趋势有清晰的认识。为了确保项目的顺利实施和高效运行，需求分析的结果应当尽可能明确和具体。

2）网络架构设计

物联网项目的网络架构设计至关重要，关乎如何将各类设备和传感器有效接入网络，以及如何实现数据的稳定传输与处理。在规划阶段，需全面考量设备多样性、网络稳定性、数据安全防护以及未来扩展能力等因素，确保项目实施的基础扎实稳固。

3）硬件选型与配置

物联网项目的基础是硬件，硬件的选型与配置直接关乎项目的性能及稳定性。因此，必须根据项目的实际需求，慎重选择适宜的硬件设备，如传感器、执行器、网络设备等，并对其进行科学合理的配置。

4）软件平台规划

在实施物联网项目过程中，软件平台作为核心环节，承担着至关重要的角色。为了满足项目的实际需求，必须对软件系统进行全面的规划与设计。这不仅包括构建合理的系统架构、高效的数据处理机制，还涉及应用程序的细致开发工作。此外，为确保软件平台的长期效益，可扩展性和可维护性也是不容忽视的考量因素。通过严谨规划和设计，软件平台将为物联网项目的成功实施奠定坚实基础。

5）数据存储和处理

在物联网项目中，数据存储和处理是至关重要的环节，必须给予高度重视。为满足大量数据的存储需求，需要精心设计高效的数据存储方案，确保数据的可靠性和安全性。同时，为了提取出有价值的信息，还需要研发合适的数据处理和分析算法，以便对数据进行深入挖掘和分析。通过严谨、稳重、理性、官方的语言风格改写后，内容保持不变，更符合官方文件或正式场合的表达方式。

6）安全与隐私保护

在物联网技术广泛应用的背景下，安全与隐私问题已经成为了亟待解决的难题。为了确保物联网项目的顺利实施，必须在设计阶段就对安全和隐私保护进行充分考量，并采取切实有效的安全措施和技术手段，以保障数据安全和用户隐私不受侵犯。

7）用户体验优化

物联网项目成功的关键在于提供良好的用户体验。为了实现这一目标，需要站在用户的角度，对产品设计进行优化，并提高系统的易用性和稳定性。通过满足用户需求，可以提升用户满意度，从而确保项目的成功。

8）运维与支持服务

为确保物联网项目的稳定运行，必须提供全面的运维与支持服务，包括设备的安装与调试、系统的监控和维护，以及故障的处理和解决。通过提供高效的服务，能够确保项目的持续运行，并提升用户的满意度。

9）成本效益评估

在物联网项目的规划和实施过程中，需要进行全面的成本效益评估，涉及设备采购、软件开发以及后期维护等各类成本。通过综合分析成本和预期效益，可以制订出科学合理的预算和资源调配计划，从而确保项目的经济效益可行性。

10）项目风险管理

在物联网项目的实施过程中，面临的风险和挑战多种多样。为了确保项目的顺利进行，需要对物联网项目的风险进行全面深入的分析和评估，并制定相应的应对策略。有效的风险管理有助于保证项目的顺利进行，避免因风险导致的延误或失败。因此，网络拓扑结构的设计也需要考虑风险因素，确保系统的稳定性和可靠性。

2．拓扑图绘制

系统拓扑图概念以及绘制技巧。

1）系统拓扑图的定义及作用

系统拓扑图是描述系统硬件配置和连接关系的图表，以图形化的方式展示网络中各组件的相互关系和布局。其主要作用如下。

（1）有助于管理员理解和规划系统架构。

（2）用于系统部署和配置。

（3）用于故障排查和解决。

（4）用于向非技术人员展示系统的结构。

2）系统拓扑图的绘制技巧

（1）明确系统的组件及其功能。

（2）确定组件之间的连接关系。

（3）选择适当的图形元素表示组件。

（4）按照层级关系或逻辑关系排列组件。

（5）标注必要的说明和注释。

3）绘制工具

在绘制系统拓扑图时，可供选择的工具多种多样，例如Visio、PowerPoint、AutoCAD、Lucidchart以及draw.io等。这些工具均具备丰富的图形元素和标记，有助于用户创建清晰且详尽的拓扑图。通过这些工具，用户可以更高效地表达系统结构，为团队成员提供直观的视觉呈现。

4）绘制流程

（1）确定绘图范围：在绘制系统架构图前，需要明确需要展示的系统范围，确保将所有相关的设备和连接纳入其中。

（2）收集信息：在绘制过程中，需要全面收集所有展示设备和连接的信息，包括设备型号、IP地址以及连接方式等，确保信息的完整性和准确性。

（3）设计布局：基于收集的信息，需要进行合理的布局设计，以便清晰地展示设备和连接之间的关系。

（4）绘制图形：根据确定的布局，应使用专业的绘图工具绘制出设备和连接的图形，确保图形的准确性和美观度。

（5）添加标注：在完成图形绘制后，需要添加标注以说明设备和连接之间的关系和属性，使拓扑图更加易于理解。

（6）检查与验证：在完成拓扑图的绘制后，需要进行细致的检查和验证，确保拓扑图准确地反映实际的系统架构。

（7）更新与维护：由于系统架构可能会随时间发生变化，因此需要定期更新拓扑图以保持其准确性，从而为相关人员提供最新的系统架构信息。

5）符号与标记

在构建系统拓扑图时，选择统一的符号和标记是至关重要的，这有助于提高图表的易读性。例如，通过不同的线型，可以区分不同类型的连接，如以太网连接使用直线表示，无线连接则使用虚线表示。此外，使用不同的形状也可以区分不同类型的设备，如圆形代表路由器，方形代表服务器。

6）版本控制

随着系统的不断变化，系统拓扑图可能需要更新。版本控制机制可以有效地追踪每次的更改和更新，记录下每次更改的内容和时间。这在故障排查或审计过程中尤其重要，能够提供清晰的历史记录和追踪。

7）可读性与清晰度

在绘制系统拓扑图时，必须确保图表的清晰度和可读性。这要求使用简洁明了的符号、明确的标注以及合理的布局。过于复杂的拓扑图可能会导致理解和维护的困难。

8）规范与标准

为提高系统拓扑图的通用性和互操作性，应遵循既定的规范和标准。在此过程中，可以采用通用的网络图标标准，并使用开放的文件格式（如SVG或PNG）来储存图像文件。这样不仅便于图形的展示，还能促进更广泛的共享和使用。

9）维护与更新

随着系统的发展和变化，系统拓扑图需要进行定期的更新与维护。设备增减、连接变动以及网络配置变化都需要及时反映在拓扑图中。因此，维护和更新系统拓扑图是一项持续性的工作，需要管理员的定期关注和操作，以确保信息的准确性和时效性。

1.3.2　任务目标

（1）根据项目需求与详细分析，精心设计智能安防系统，并绘制出相应的系统拓扑图，以确保系统的稳定运行和高效性能。

（2）根据项目需求与分析，完成智能环境监控系统的设计工作，并绘制出相应的系统拓扑图，以满足客户对环境监控的需求。

（3）根据项目需求与分析，完成智能照明系统的设计工作，并绘制出相应的系统拓扑图，以提高照明系统的智能化程度和能效。

1.3.3　任务规划

根据所学相关安装与调试的知识，制订并完成本次任务的实施计划。计划的具体内容可以包括任务前准备、分工等，任务中的具体实施步骤，以及任务完成后的总结等内容。任务规划表如表1-9所示。

表1-9　任务规划表

任务名称	物联网安装与运维项目设计	
任务计划	① 根据项目需求与分析完成智能安防系统设计，并绘制系统拓扑图。 ② 根据项目需求与分析完成智能环境监控系统设计，并绘制系统拓扑图。 ③ 根据项目需求与分析完成智能照明系统设计，并绘制系统拓扑图	
达成目标	项目所用的设备选型正确合理，完整地绘制拓扑图	
序号	任务内容	所需时间/分钟
1	智能安防系统设计	15
2	智能环境监控系统设计	15
3	智能照明系统设计	15
4	智能安防系统拓扑图绘制	15
5	智能环境监控拓扑图绘制	15
6	智能照明系统拓扑图绘制	15

1.3.4　任务实施

1.3.4.1　智能安防系统设计

1. 项目背景与概述

随着社会的发展和科技的进步，对安全的需求日益增长。智能安防系统基于先进的技术手段，如人工智能、物联网等，提供了更加智能、高效、全面的安全防护解决方案。本项目旨在设计并实施一套智能安防系统，用于监测、预警和应对各类安全风险，如图1-13所示。

图1-13　安防系统

2. 设备选型

1）报警系统

（1）系统简述。

有异常情况设置报警系统立马报警警示，报警灯如图1-14所示。

报警灯是一种直观、明显的报警显示设备，适合用于室外环境。它可以迅速引起人们的注意，表明报警状态。

选择具有高亮度的LED灯，确保在各种光照条件下都能清晰可见，考虑到室外使用，确保报警灯具有良好的防水防尘性能。

（2）异常监测设备。

激光对射传感器适用于监测边界或围墙，能够实时检测是否有人或物体进入监测区域，如图1-15所示。

选择具有高精度的激光对射传感器，能够准确地监测到人体或其他物体的移动，确保激光对射传感器具有足够的监测距离，以满足实际场地的需求，应选择抗干扰性强的激光对射传感器，以降低误报率。

图1-14　报警灯　　　　　　　　　　　图1-15　激光对射

2）门禁系统

（1）系统简述。

实现门禁控制和安全管理，可以远程控制门禁的开关和权限管理，保证园区的安全。

（2）推拉门设备。

推拉门设备选择推拉杆模拟器，如图1-16所示。

采用推拉杆模拟器，可以直观地展示推拉门的开关效果，为用户提供良好的使用体验。

（3）开关门设备。

开关门设备采用按钮开关，如图1-17所示。

选择按钮进行推拉门的开关操作，便于用户使用，简单明了。

图1-16　推拉杆模拟器

图1-17　按钮开关

3）链路设备

（1）链路器。

链路器选择射频链路器，如图1-18所示。

支持WiFi、LAN、WLAN、RS232、RS485通信、ModbusRTU协议，提供内置网络配置页面，提供一键恢复出厂设置功能，提供WiFi AP模式，支持串口通信，串口波特率为300～460800b/s，支持TCPServer/TCP、Client/UDP、Server/UDP、Client工作模式；提供状态指示灯Power、Work、Ready、Link、UART1、WAN/LAN、LAN、防静电功能。

（2）联动控制器。

联动控制器如图1-19所示。

联动控制也称为联锁操作或简单程控，它根据被控对象之间的简单逻辑关系，利用联锁条件和闭锁条件将被控对象的控制电路按要求互相联系在一起，以形成某种特定的逻辑关系，从而实现自动操作。联动控制适用于控制范围小、操作项目少、操作步骤少的被控对象。

图1-18　射频链路器

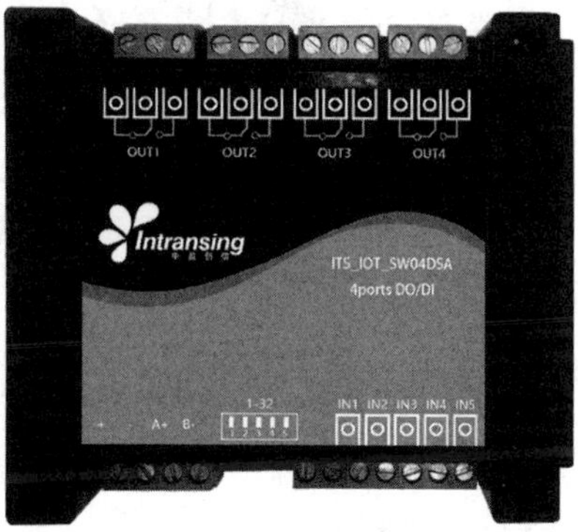

图1-19　联动控制器

项目设计表如表1-10所示。

表1-10　项目设计表

项目名称	设备名称	设备参数	接口类型	数量	备注
智能安防	报警灯	电压12V	电压型	1个	
	推拉杆	电压12V	电压型	1个	
	按钮	电压12V	常开\常闭	1个	
	激光对射	电压12V	开关量	1个	
	联动控制器	电压12V	RS485		
	多模链路器	电压12V	WAN/RS485		

1.3.4.2　智能环境监控系统设计

1.项目背景

随着社会科技的不断发展和城市化进程的加速推进，人们对于工作和生活环境的质量提出了更高的要求。在这一背景下，智能环境监控系统应运而生。本项目旨在借助先进的传感技术和信息化手段，对工作场所或居住区域的环境参数进行实时监测、数据收集和分析，以提高环境的舒适性、安全性和能源利用效率，如图1-20所示。

图1-20　环境监测系统

2.设备选型

1）实时监测系统

（1）系统简述。

实时监测环境中的温度、湿度、PM 2.5等参数，以及各种可能影响环境质量的因素。

（2）温湿度传感器。

温湿度传感器（图1-21）是一种用于实时监测环境温度和湿度的设备，具有高精度、稳定性强的特点，适用于各种工作和生活场景。

选择具有精度高的温湿度传感器，确保对环境参数的测量准确可靠。适用于不同环境条件，包括室内办公、生产车间、仓储等多个场景。具备实时监测功能，能够及时反映环境温湿度变化，为智能控制提供实时数据支持。具备远程监控和数据传输功能，可以连接至中央监控系统，实现集中管理。

（3）二氧化碳传感器。

二氧化碳传感器（图1-22）是用于实时监测环境中二氧化碳浓度的设备，对于确保空气质量具有重要作用。

选择高灵敏度的传感器，能够准确、迅速地监测环境中的二氧化碳浓度。具备实时报警功能，一旦二氧化碳浓度超过设定阈值，能够及时发出警报。可以实现远程监测和数据传输，方便集中管理和实时反馈。设备应具备节能高效的特性，以降低使用成本和提高设备的可持续性。

图1-21　温湿度传感器　　　　　　　　图1-22　二氧化碳传感器

（4）风扇。

风扇控制系统用于根据传感器采集的数据控制风扇（图1-23）的开关，以调整环境温湿度和二氧化碳浓度。

图1-23　风扇

2）链路设备

（1）链路器。

链路器选择射频链路器，设备介绍参见智能安防系统射频链路器。

（2）联动控制器。

设备介绍参见智能安防系统联动控制器。

项目设计表如表1-11所示。

表1-11 项目设计表

项目名称	设备名称	设备参数	接口类型	数量	备注
智能安防	温湿度传感器	电压12V	RS485	1个	
	二氧化碳传感器	电压12V	RS485	1个	
	风扇	电压12V	电压型	1个	
	联动控制器	电压12V	RS485	1个	
	射频链路器	电压12V	WAN/RS485	1个	

1.3.4.3 智能照明系统设计

1. 项目背景

随着科技的发展，智能照明系统在居家环境中得到广泛应用。该系统通过智能化控制和感知技术，能够实现对照明设备的精准控制，提高能效，满足用户需求，同时降低能耗，如图1-24所示。

图1-24 智能照明系统

2. 设备选型

1）照明控制系统

（1）照明灯具。

照明灯具为LED照明灯具，因为LED灯具具有高能效、寿命长的特点，适合用于智能照明系统，如图1-25所示。

LED灯具能够提供高光效，降低能耗，符合绿色环保理念。选择支持调光功能的LED灯，以便根据需求实现灯光的亮度调节。LED灯的寿命长，能减少更换频率和维护成本。

（2）人体传感器。

人体传感器采用红外人体传感器（图1-26），用于检测人体活动，实现智能控制开关。

选择灵敏度高、能够准确感知人体活动的传感器。确保传感器具有广泛的检测范围，以覆盖整个照明区域。支持自动休眠或定时休眠，以减少不必要的能耗。

（3）定时开关设备。

定时开关设备采用数字定时开关（图1-27），用于按照预定时间对灯具进行开关操作。

确保定时开关设备具有精准的计时功能，以按时实现灯具的开关。支持多时间段的定时设置，以满足不同时间段的照明需求。若可能，选择支持远程控制的定时开关设备，方便远程管理。

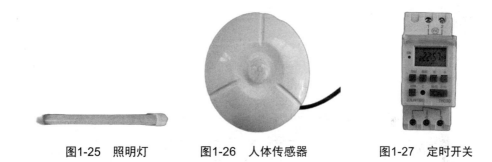

图1-25　照明灯　　　　图1-26　人体传感器　　　　图1-27　定时开关

2）链路设备

（1）链路器。

链路器选择射频链路器，设备介绍参见智能安防系统射频链路器。

（2）联动控制器。

设备介绍参见智能安防系统联动控制器。

项目设计表如表1-12所示。

表1-12　项目设计表

项目名称	设备名称	设备参数	接口类型	数量	备注
智能安防	照明灯	电压12V	电压型	1	
	人体红外传感器	电压12V	RS485	1	
	定时开关	电压12V	开关型	1	
	联动控制器	电压12V	RS485	1	
	射频链路器	电压12V	WAN\RS485	1	

1.3.5　项目实战

1. 绘制智能安防系统拓扑图

1）新建Visio项目

（1）单击"新建"按钮，如图1-28所示。

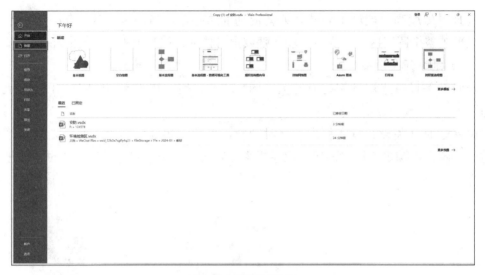

图1-28　新建拓扑图

（2）选择基本框图，如图1-29所示。

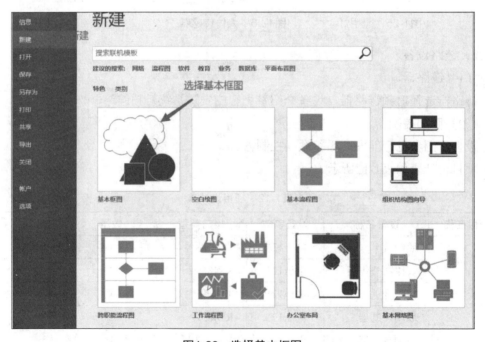

图1-29　选择基本框图

（3）单击"新建"按钮，如图1-30所示。

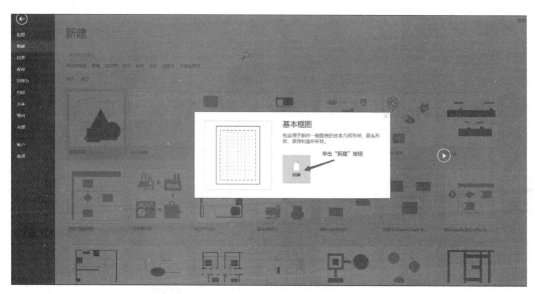

图1-30　新建框图

2）新建画布

在左侧菜单栏中，查看所有的图形形状，设计时可以根据设计需要选择合适的形状，如图1-31所示。

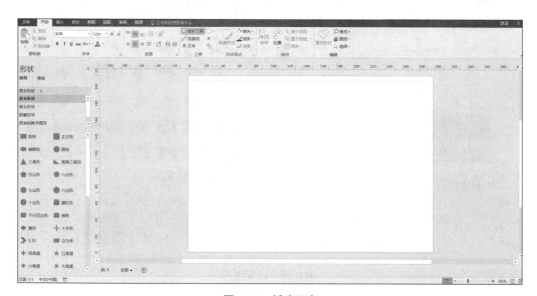

图1-31　新建画布

3）绘制拓扑图

（1）在左侧菜单栏中选择矩形形状，并将矩形图形拖曳至绘制界面上，如图1-32所示。

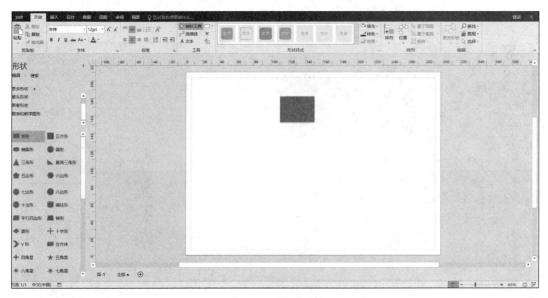

图1-32　选择矩形

（2）单击"更改形状"下拉按钮，在下拉列表中找到合适的图形，选中并更改图形形状，如图1-33所示。

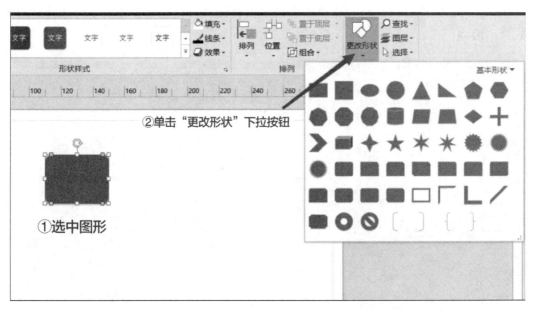

图1-33　设置图形

（3）单击"填充"下拉按钮，在下拉列表中找到适合的颜色，选中并更改图形颜色，如图1-34所示。

图1-34　设置颜色

（4）将图形框根据设计的设备数量以及传输关系，将控件进行一一摆放，如图1-35所示。

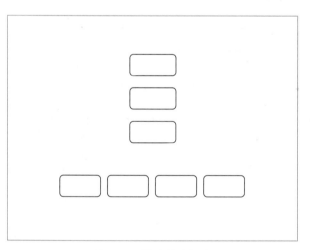

图1-35　搭建整体架构

（5）在图形框中输入设备的名称，如图1-36所示。

（6）根据设备的传输关系，将图形框进行一一连接，如图1-37所示。

（7）在下拉列表中选择并更改线条的属性。

颜色：设置线条的颜色。

粗细：设置线条的粗细。

虚线：设置连接线条为虚线或者实线。

箭头：设置线条为单箭头、双箭头、无箭头。

如图1-38所示。

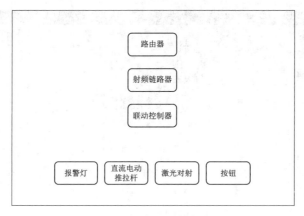

图1-36　输入设备名称

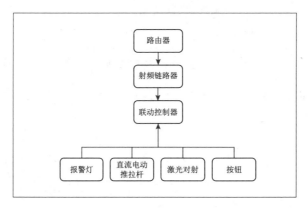

图1-37　绘制箭头

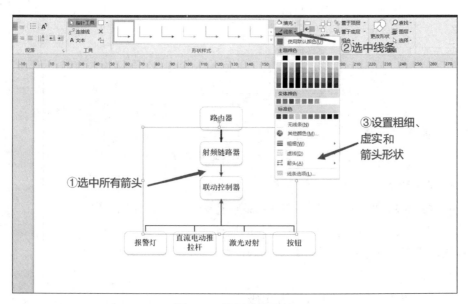

图1-38　设置箭头属性

（8）选中合适的线条属性，将线条修改形状，如图1-39所示。

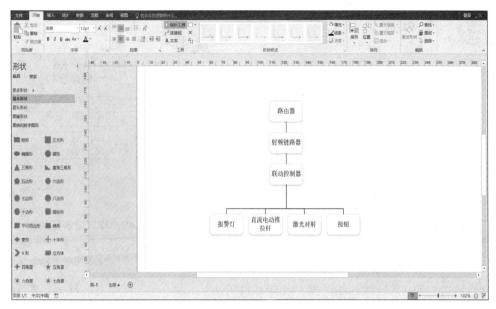

图1-39　修改线条

（9）在左侧菜单栏中单击"搜索"按钮、在输入框中输入云关键字，在搜索结果中，选中一个合适的云图像放置在设计界面中，因为路由器和云平台采用无线的方式进行连接，所以需要用虚线连接，如图1-40所示。

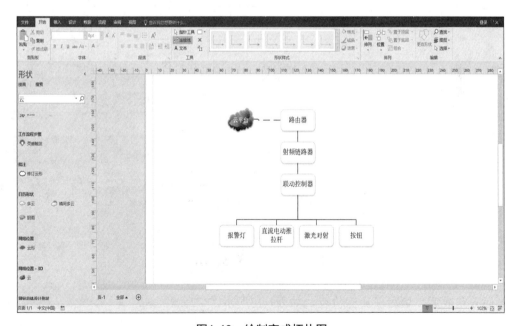

图1-40　绘制完成拓扑图

4）根据项目设计要求绘制完整的拓扑图，如图1-41所示。

2. 绘制环境监控系统拓扑图

完成智能环境监测系统拓扑图绘制，如图1-42所示。

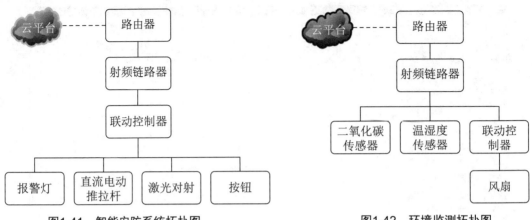

图1-41　智能安防系统拓扑图　　　　　　　　图1-42　环境监测拓扑图

3. 绘制智能照明系统拓扑图

完成智能照明系统拓扑图绘制，如图1-43所示。

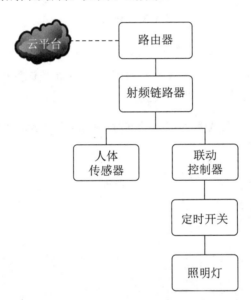

图1-43　智能照明系统拓扑图

1.3.6　任务评价

任务完成后，填写任务评价表，如表1-13所示。

表1-13　任务评价表

检查内容	检查结果	满意率		
智能安防系统设计	是□　否□	100%□	70%□	50%□
智能环境监控系统设计	是□　否□	100%□	70%□	50%□
智能照明系统设计	是□　否□	100%□	70%□	50%□

检查内容	检查结果	满意率		
绘制智能安防系统拓扑图	是□ 否□	100%□	70%□	50%□
绘制环境监控系统拓扑图	是□ 否□	100%□	70%□	50%□
绘制智能照明系统拓扑图	是□ 否□	100%□	70%□	50%□
完成任务后使用的工具是否摆放、收纳整齐	是□ 否□	100%□	70%□	50%□
完成任务后工位及周边的卫生环境是否整洁	是□ 否□	100%□	70%□	50%□

1.3.7 任务反思

根据前面学习所讲述的知识，编写智能能源管理系统、智能停车系统的设计方案，并绘制拓扑图。

1.4 课后习题

▶▶ **选择题**

1. 物联网硬件设计中，（   ）不是主要考虑的因素。

A. 设备尺寸　　　　　B. 设备成本　　　　　C. 设备兼容性　　　　D. 设备生产年份

2. 在传感器节点选型时，（   ）通常用于环境监测。

A. 温度传感器　　　　B. 压力传感器　　　　C. 位置传感器　　　　D. 激光对射传感器

3. 网络通信协议设计中，（   ）不是必须要考虑的。

A. 数据传输速率　　　　　　　　　　　B. 网络拓扑结构

C. 设备间的通信协议　　　　　　　　　D. 网络覆盖范围

4. 数据安全与隐私保护中，（   ）是必要的。

A. 数据加密　　　　　　　　　　　　　B. 用户身份验证

C. 匿名化处理　　　　　　　　　　　　D. 所有设备都使用同一安全协议

5. 项目管理与实施中，（   ）不是主要考虑的方面。

A. 项目进度控制　　　　B. 项目质量保证　　　C. 项目风险评估　　　D. 项目预算控制

▶▶ **简答题**

1. 根据所学内容设计智能停车系统的设计方案，并绘制设计表格以及拓扑图。

2. 物联网项目面临的主要安全威胁和风险是什么？如何进行防范和处理？

项目 2
智能生产终端设备安装与调试

物联网智能生产是一种新型的生产模式，通过集成物联网技术，实现生产过程的智能化和高效化。物联网技术将生产过程中的各种要素相互连接，包括设备、物料、人员和环境等，实现信息的实时采集、传输、处理和反馈。

物联网智能生产的核心在于数据的采集和处理。通过在生产现场部署各种传感器和设备，可以实时采集到生产过程中的各种数据，包括设备运行状态、物料流动情况、环境温湿度等。这些数据通过物联网技术进行传输和处理，可以实现对生产过程的实时监控和智能决策。

物联网智能生产可以提高生产效率、提升产品质量、降低生产成本、提高安全性。物联网智能生产的应用范围非常广泛，可以应用于各种制造业领域，如汽车制造、电子制造、机械制造等。在汽车制造领域，物联网智能生产可以实现自动化生产线和智能物流管理，提高生产效率和降低成本。在电子制造领域，物联网智能生产可以实现自动化检测和质量控制，提高产品质量和降低缺陷率。在机械制造领域，物联网智能生产可以实现设备监测和维护管理，提高设备运行效率和延长使用寿命。

物联网智能生产是未来制造业的发展方向，它将为制造业带来革命性的变革和发展。通过集成物联网技术，实现生产过程的智能化和高效化，优化生产流程，提高效率，降低成本，提升质量，为制造业的可持续发展注入新的动力。

华龙汽车制造厂计划对现有生产线进行改造，引入物联网智能生产技术。通过集成物联网技术，实现设备、物料、人员和环境等生产要素的互联互通，实时采集和传输生产数据。基于实时数据，工厂将优化生产流程、提高生产效率、降低成本、提升产品质量。同时，智能决策系统将助力快速响应异常和预测性维护，确保生产稳定进行。

项目概述 ▶

　　智能生产控制系统在现代制造业中扮演着举足轻重的角色，特别是在智能冲床生产场景中。近年来，全球范围内的人口老龄化问题愈发严重，生育率下降和劳动力减少成为各行各业面临的共同挑战，引发了用工荒的严重问题。在这一社会背景下，随着科技的不断进步，越来越多的企业开始转向智能化工厂，以应对劳动力短缺的紧迫需求。智能化生产系统以其显著的优势，包括降低人力需求、提高生产效率、减少培训成本等，逐渐成为制造业的发展趋势。

　　以冲床生产为例，一家公司正面临着生产效率提升的压力。为了更好地适应市场变化，提高生产效益，该公司决定设计一套先进的智能生产控制系统。这个系统不仅要能够实现设备的自动化生产，更需要兼顾到环境的智能监测和强有力的安全保障，以确保生产现场人员和设备的绝对安全。

　　首先，系统需要实现对冲床设备的智能化控制。通过先进的传感器技术和自动化控制系统，冲床设备能够在不断变化的生产环境中做出智能决策，提高生产效率。这种自动化生产不仅可以减少对人力的需求，还可以降低操作误差，提高产品质量。

　　其次，为了确保生产过程中人员和设备的安全，该系统必须具备全面的安全保障措施，包括但不限于实时监测工作环境中的温度、湿度、气体浓度等参数，确保生产车间始终处于安全的工作状态。此外，系统还需要配备紧急停机和报警系统，一旦检测到异常情况，能够迅速采取措施，防范潜在的风险。

　　然后，在实际运作中，智能生产控制系统将通过实时数据的采集和分析，持续监测生产车间的环境。这不仅有助于确保生产过程的顺利进行，还能够在生产中不断优化系统的性能。通过大数据分析，系统可以识别生产过程中的瓶颈，提出改进建议，进一步提高生产效率。

　　最后，系统还将具备远程监控和控制功能。管理人员可以随时随地通过移动设备获取生产过程的实时信息，迅速做出决策。这种远程监控不仅提高了管理的便利性，还可以在紧急情况下迅速响应，减少生产中的潜在风险。

　　智能生产控制系统在冲床生产场景中的应用将为企业带来多方面的好处。它不仅能够应对当前的用工荒问题，提高生产效率，降低成本，还能够确保生产过程的安全性。这样的系统将成为企业提升竞争力、应对市场挑战的重要工具，为未来的智能制造提供有力支持。

2.1 任务1 终端设备选取

2.1.1 任务工单

终端设备选取的任务工单如表2-1所示。

表2-1 任务工单

任务名称	华龙汽车制造厂终端设备选取	学时	4	班级	
组别		组长		小组成绩	
组员姓名			组员成绩		
实训设备	桌面式实训操作平台	实训场地		时间	
课程任务	为华龙汽车制造厂改造进行选型				
任务目的	利用物联网技术实现对智能生产系统的改造，并进行设备选型				
任务实施要求	合理选型设备				
实施人员	以小组为单位，成员2人				
结果评估（自评）	完成□ 基本完成□ 未完成□ 未开工□				
情况说明					
客户评估	很满意□ 满意□ 不满意□ 很不满意□				
客户签字					
公司评估	优秀□ 良好□ 合格□ 不合格□				

2.1.2 任务目标

1. 主要目标

（1）掌握终端设备选取的基本方法和原则。

（2）学习不同类型终端设备的特性、优缺点以及适用场景。

2. 具体目标

1）学习选取方法

（1）理解终端设备选取的基本流程。

（2）掌握考虑因素，如性能需求、兼容性、成本、可维护性等。

2）研究设备特性

（1）对不同类型的终端设备，如传感器、执行器、控制设备等，进行详细研究。

（2）理解各种设备的工作原理、技术规格和适用场景。

3）对比不同型号/厂商

（1）比较同一类型的不同型号或来自不同厂商的设备。

（2）分析其性能、可靠性、价格等方面的异同，为选取提供参考。

4）实践选取过程

（1）模拟实际项目需求，提出相应的设备选取需求。

（2）根据需求，选择合适的终端设备，理解选取的具体步骤。

注意：

（1）确保在学习过程中注重实际应用，通过案例分析和模拟项目来加深理解。

（2）主动参与相关社区的讨论，获取实际经验和建议。

（3）遵循安全标准，保证设备选取的可靠性和安全性。

2.1.3　任务规划

学习监测区和生产区设备知识，分析项目需求，总结反思选取过程中的挑战和解决方案。终端设备选取任务规划表如表2-2所示。

表2-2　任务规划表

项目名称	隧道内环境监测改造实施	
任务计划	根据所学知识进行华龙汽车制造厂设备选型	
达成目标	监测区和生产区选型完成	
序号	任务内容	所需时间/分钟
1	学习传感器的特性、原理和适用场景	45
2	学习执行器的特性、原理和适用场景	30
3	学习链路器的特性、原理和适用场景	45
4	学习路由器的特性、原理和适用场景	15
5	项目实战，对华龙汽车制造厂设备进行选型	45

2.1.4　任务实施

2.1.4.1　传感器

1. 温湿度传感器

1）原理

485型温湿度变送器（图2-1）是温湿度传感器中的一种，本书统称为温湿度传感器，其内部搭载高精度的温度传感器和湿度传感器，通过测量环境中的温度和湿度，将这些数据转换为数字信号，并通过RS485通信协议传输到监控系统中，实现实时环境监测。

2）适用场景

工业自动化：用于监测工业生产环境的温湿度，确保生产设备正常运行。

建筑管理：适用于办公楼、实验室等建筑内的温湿度监测和控制。

环境监测：在需要对环境条件进行实时监测的领域，如气象站、温室等进行监测。

2. 485型二氧化碳变送器

1）原理

485型二氧化碳变送器（图2-2）是二氧化碳传感器中的一种，本书统称为二氧化碳传感器，其内部搭载高灵敏度的二氧化碳传感器元件，通过检测周围空气中的二氧化碳浓度，将这一信息转换为数字信号，并通过RS485通信协议传输到监控系统中。

图2-1　485型温湿度变送器　　　　　图2-2　485型二氧化碳变送器

2）适用场景

室内空气质量监测：用于办公室、学校、住宅等室内环境的空气质量监测与控制。

工业生产：在需要监测生产环境中的二氧化碳浓度的场景中发挥关键作用。

生态环境监测：适用于自然生态环境监测，如温室气体监控。

3. 激光对射传感器

1）原理

数字量激光对射传感器（图2-3）通过发射一束激光，并在对面安装接收器。当激光束被物体遮挡时，接收器检测到信号变化，通过数字信号表示物体的状态，例如存在或不存在。

图2-3　激光对射传感器

2）适用场景

物体检测：用于自动化生产线上，检测物体的到来或离开。

位置感知：在机器人、自动导航车等领域，用于感知环境中物体的位置。

安防监控：用于建筑物、园区等安防系统，检测有无人员进入受限区域。

4.微动传感器

1）原理

微动开关传感器如图2-4所示，其原理是基于机械结构和电气设计相互作用的结果。当外力作用于微动开关的触发装置时，会改变微动开关内部的机械结构，从而使触点的状态发生变化。这种状态变化会导致电路的开闭，从而实现对电气信号的控制。

2）适用场景

打印机和复印机：用于检测纸张位置、盖子状态等。

电子设备：在计算机鼠标、键盘等设备中用于检测按键的状态。

工业自动化：用于机械装置的限位检测、传送带上物体的检测等。

5.计数器

1）电压型电子计数器（图2-5）

原理：电压型计数器通过检测外部设备产生的电压脉冲来进行计数。每个脉冲触发计数器增加一个计数值。

适用场景：常见于需要计数电压脉冲的应用，例如传感器输出的脉冲信号、测速装置的信号等。

特点：主要关注输入电压的变化，用于记录外部脉冲的计数。

图2-4　微动开关传感器　　　　　图2-5　电压型电子计数器

2）开关型电子计数器（计数器通过开关触发）

原理：开关型电子计数器通过物理开关或按钮的触发来进行计数。每次开关触发都导致计数器增加一个计数值。

适用场景：适用于需要计数开关触发的应用，例如按键的触发次数、机械装置的动作次数等。

特点：主要关注开关输入，用于记录开关触发的计数。

2.1.4.2 终端设备

1. 链路器

1）射频链路器

射频链路器（图2-6）支持射频通信的多用途物联网链路器，可实现嵌入式系统的无线网络通信的应用。通过该设备，可以将物联网感知器件、控制设备、执行器件，连接到指定云平台上，从而实现物联网项目建设、远程控制与管理。

2）多模链路器

多模链路器（图2-7）设备可实现嵌入式系统的无线网络通信的应用。通过该设备，可以将物联网感知器件、控制设备、执行器件，连接到指定云平台上，从而实现物联网项目建设、远程控制与管理。

2. 路由器

路由器（图2-8）是一种网络设备，用于在不同网络之间进行数据传输和通信。以下是路由器的主要功能和特性。

图2-6　射频链路器　　　　图2-7　多模链路器　　　　图2-8　路由器

1）网络连接

WAN口与LAN口：路由器通常具有WAN口（广域网口）和LAN口（局域网口），分别用于连接广域网和局域网。

2）数据传输与路由

数据传输：路由器能够接收、分析和转发数据包，实现网络中设备间的通信。

路由功能：路由器能够根据网络地址（IP地址）进行路由决策，将数据包从源地址传输到目标地址。

3）网络地址转换（NAT）

NAT功能：路由器可以使用网络地址转换技术，将局域网内部设备使用私有IP地址映射到一个共享的公共IP地址，提高网络的安全性和效率。

4）无线局域网（WLAN）支持

WLAN功能：许多现代路由器内置了无线接入点（AP），支持无线局域网，允许无线设备连接到网络。

5）安全性功能

防火墙：路由器通常内置防火墙，可以监控和控制数据包的流动，增强网络安全性。

虚拟专用网络（VPN）支持：通过支持VPN，路由器可以建立安全的远程连接，实现远程办公和远程访问。

3. 联动控制器

联动控制是一种基于简单逻辑关系的自动化控制方法，也称为联锁操作或简单程控。该控制方法利用联锁条件和闭锁条件，将被控对象的控制电路相互联系，形成特定的逻辑关系，以实现自动化操作。

2.1.4.3 执行器

1. 继电器

1）数显时间继电器

数显时间继电器（图2-9）的工作原理基本上与传统时间继电器相似，但其特有的数字显示屏使得用户能够更直观地设定和监控时间参数。计时元件在设定时间后触发电磁继电器，完成电路的开关动作。

2）时间继电器

时间继电器如图2-10所示。

图2-9 数显时间继电器　　　　　　　图2-10 时间继电器

（1）原理。

计时元件：时间继电器内置计时元件，通常采用电容或电阻等元件，在设定的时间内充电或放电。

电磁继电器：当计时元件达到设定的时间参数后，激活电磁继电器。

电路控制：电磁继电器的动作使电路状态发生改变，实现开关的控制。

（2）应用领域。

生产线控制：用于定时启动或关闭生产线上的设备，实现生产过程的自动化控制。

照明系统：通过时间继电器实现定时开关照明设备，提高能源利用效率。

空调控制：用于设定空调启动或关闭时间，提高空调系统的能效。

喷灌系统：在农业领域，用于定时启动或关闭喷灌设备，实现灌溉的精准控制。

3）中间继电器

中间继电器如图2-11所示。

（1）原理。

线圈激励：通电时，电流通过继电器的线圈产生磁场。

磁场作用：磁场使得继电器内的铁心受到吸引或排斥，从而导致触点动作。

触点操作：触点的动作会改变电路的状态，实现对电路的控制。

释放：当电流停止流过线圈时，磁场消失，触点返回原位，完成一个完整的操作周期。

（2）应用领域。

工业自动化：在生产线控制、机械设备控制等方面得到广泛应用。

电力系统：用于电力系统的过载保护、短路保护等。

家用电器：在洗衣机、冰箱、空调等家电中，控制不同功能的开关。

交通信号系统：控制红绿灯、铁路道岔等。

2. 电磁锁

电磁锁如图2-12所示。

图2-11　中间继电器　　　　　　　　　　图2-12　电磁锁

1）原理

通电状态：当电磁锁通电时，电流通过线圈产生磁场，锁体中的铁芯受到吸引，使得锁舌被牢固地吸附在锁体上，门处于锁定状态。

断电状态：当电流断开时，磁场消失，锁体中的铁芯失去磁性，锁舌被释放，门变为解锁状态。

2）应用场景

门禁系统：电磁锁响应迅速、易于控制，实现对出入口的安全管理。

安防系统：可以与安防系统结合，实现对重要区域的安全控制。

自动门控制：用于自动门系统，通过控制电磁锁的状态实现对自动门的开关控制。

商业场所：在商场、办公楼等场所广泛应用，提供安全、方便的门禁控制。

监狱和安全场所：用于需要高度安全性和监控的场所，保障重要区域的安全。

总体而言，电磁锁是一种在门禁和安防领域广泛应用的安全锁具，通过电磁原理实现迅速的锁定和解锁，提高门控制的安全性和便捷性。

3. 电动推杆

电动推杆（图2-13）是一种通过电动机驱动的线性执行器，用于实现直线运动。它通常由电机、螺杆、导轨、外壳等组成，通过电机的旋转运动转换成推动螺杆的线性运动，从而实现推动推杆前进或后退。

图2-13   电动推杆

2.1.5   项目实战

任务描述：

华龙汽车制造厂现在需要改造需要实时监测车间温湿度和二氧化碳数值，还需要实现冲床自动化控制具体功能如下。

① 机床在工作时有人进入工作区域迅速急停设备。

② 每个班组的工人记录机床的工作时间和工作用电。

③ 冲床工作流程设备上电，送料机自动进行送料，送料到位之后等待物料放稳，开始冲压，需要记录冲压个数，冲压结束之后送料机收回，需要安装急停按钮实现紧急停止。

1. 监测区设备选型

1）温湿度传感器（485型）

需求背景：工厂需要实时监测车间环境的温湿度。

原因分析：温湿度恒定是保障工厂生产质量的关键因素之一，而RS485通信协议的稳定性和广泛应用使其成为可靠的选择。

2）二氧化碳传感器（485型）

需求背景：工厂需要实时监测车间环境中的二氧化碳浓度。

原因分析：RS485通信协议确保了对二氧化碳传感器数据的可靠传输，满足了实时监测和控制的要求。

3）射频链路器

需求背景：需要将温湿度和二氧化碳传感器的数据传输至智慧工程云平台。

原因分析：射频链路器支持多种通信方式，包括RS485通信协议，适应不同传感器的数据传输需求，方便上传至云平台。

2. 生产区设备选型

1）激光对射传感器（数字量）

需求背景：生产区需要检测物体是否穿越特定区域。

原因分析：数字量激光对射传感器能够提供高精度的物体检测，适用于需要准确监测的生产环境。

2）微动开关（数字量）

需求背景：检测物体有没有放到位，检测到之后联动电磁锁进行工作。

原因分析：微动开关作为数字量设备，能够准确感应设备状态，与其他数字量设备协同工作，实现精准控制。

3）数字计数器

需求背景：记录生产过程中生产个数的信息。

原因分析：数字计数器能够高效记录生产计数，与其他数字量设备协同工作，为生产过程提供准确的计数支持。

4）数显延时继电器

需求背景：控制电动推杆的开合，实现电动推杆的操作。

原因分析：数显延时继电器作为可编程控制设备，可以精确控制电磁锁的操作，实现生产送料的操作。

5）电磁锁

需求背景：用于模拟生产区的冲床的冲头。

原因分析：与计数器协同工作，确保生产区的生产数量的显示。

6）电动推杆

需求背景：通过数显延时继电器的协同控制，实现生产区送料推拉操作。

原因分析：电动推杆作为执行器，能够实现推拉动作，模拟送料的过程。

7）数字表头

需求背景：显示机床的整个工作电压、电流和功率。

原因分析：数字表头可以实时显示设备总电压电流等相关信息。

8）自锁开关

需求背景：随着自动化和智能化的发展，对设备电源的高效控制变得愈发重要。设备总电源的开关需要一个可靠、方便且符合特定要求的解决方案。这就是自锁开关应运而生的背景。

原因分析：在工业生产线上，自锁开关可以用于控制整个生产线的总电源，实现快速启动和停止。

9）联动控制器

需求背景：采集数字传感器状态实现联动。

原因分析：联动控制的目标是实现被控对象的自动操作，减少人工干预，提高操作的效率和精确度。

2.1.6　任务评价

任务完成后，填写任务评价表，如表2-3所示。

表2-3　任务评价表

检查内容	检查结果	满意率
监测区传感器选型是否正确	是□　否□	100%□　70%□　50%□
生产区传感器选型是否正确	是□　否□	100%□　70%□　50%□
生产区执行器选型是否正确	是□　否□	100%□　70%□　50%□

2.1.7　任务反思

1.提问和讨论

主动参与相关社区或论坛，提问和参与讨论，以获取更多实际经验和建议。

2.反馈和总结

在学习过程中，随时反馈困惑和问题，及时解决。

定期总结所学，查漏补缺，确保对终端设备选取有全面的了解。

2.2 任务 2 设备装接

2.2.1 任务工单

华龙汽车制造厂设备装接任务工单如表2-4所示

表2-4 任务工单

任务名称	华龙汽车制造厂设备装接	学时	4	班级	
组别		组长		小组成绩	
组员姓名			组员成绩		
实训设备	桌面式实训操作平台	实训场地		时间	
课程任务	为华龙汽车制造厂的改造进行安装接线				
任务目的	利用物联网技术实现对智能生产系统的改造,并进行设备装接				
任务实施要求	按照布局图和接线图进行装接				
实施人员	以小组为单位,成员2人				
结果评估(自评)	完成□ 基本完成□ 未完成□ 未开工□				
情况说明					
客户评估	很满意□ 满意□ 不满意□ 很不满意□				
客户签字					
公司评估	优秀□ 良好□ 合格□ 不合格□				

2.2.2 任务目标

1. 生产区任务目标

(1)激光对射设备安装与接线。

(2)冲孔系统安装与接线。

(3)自动送料系统安装与接线。

(4)多模链路器安装与配置。

2. 监测区任务目标

(1)传感器安装与接线。

(2)射频链路器安装与配置。

细节:设定合适的采集频率和存储格式,建立一个完备的监测数据存档系统。

通过以上任务目标，确保生产区和监测区设备安装与接线的有序进行，实现智能生产控制系统的高效运行。在实施过程中，密切关注每个目标的完成情况，确保系统能够稳定、可靠地运行。

2.2.3　任务规划

根据所学相关安装与调试的知识，制订并完成本次任务的实施计划。计划的具体内容可以包括任务前准备、分工等，任务中的具体实施步骤，以及完成后的总结等内容。任务规划表如表2-5所示。

表2-5　任务规划表

项目名称	华龙汽车制造厂设备装接	
任务计划	安装温湿度传感器、二氧化碳传感器、激光对射、计数器、数显时间继电器、延时继电器、电磁锁、电动推杆、数字表头、按钮、射频链路器、多模链路器和联动控制器并完成接线	
达成目标	安装布局合理，接线美观合理	
序号	任务内容	所需时间/分钟
1	根据任务对监测区的设备进行安装	25
2	根据任务对生产区的设备进行安装	45
3	根据任务对监测区的设备进行接线	30
4	根据任务对生产区的设备进行接线	45
5	项目实战	35

2.2.3.1　生产区任务规划

1. 设备接线和安装

连接生产区内的各设备，包括激光对射、电磁锁等，确保它们能够正常供电和通信。

安装激光对射设备，确保其位置合适且能够正常工作。安装电磁锁，将电动推杆与微动开关连接，确保电磁锁工作逻辑正确。

2. 智能控制系统集成

将生产区内的设备整合到智能控制系统中，建立设备间的协同工作关系。

3. 生产区工作流程测试

进行生产区的整体工作流程测试，验证设备协同工作，确保生产区的正常运行。

2.2.3.2   监测区任务规划

1．传感器接线和安装

连接监测区内的温湿度传感器和二氧化碳传感器，确保它们通过RS485通信与射频链路器连接。

安装传感器，确保它们能够准确地监测车间环境。

2．射频链路器安装

安装射频链路器，确保其位置合适，能够正常接收并传输传感器数据。

3．数据采集与存储配置

配置数据采集系统，确保从监测区传感器获得的数据能够被准确记录和存储。

4．监测系统集成

将监测区的数据整合到智能控制系统中，使监测数据能够为生产区提供实时反馈和控制依据。

请根据实际情况进行接线和安装，确保每个步骤都得到仔细验证，以保证整个系统的正常安装和连接。

2.2.4   任务实施

2.2.4.1   设备安装

1．监测区设备安装

1）温湿度传感器

步骤1：准备一个温湿度传感器、一个转接板和2颗M3的螺丝，在底座上找到传感器的安装位置，将温湿度传感器小心地放置在转接板上，确保它与底座的安装孔对齐。插入M3螺丝，使用螺丝刀将M3螺丝插入传感器的安装孔中，然后轻轻旋转以确保它们牢固地固定在底座上。检查安装，仔细检查温湿度传感器的安装，确保它牢固、垂直，并且没有松动。

步骤2：把设备固定到操作台上，如图2-14所示。

2）二氧化碳传感器

步骤1：准备一个二氧化碳传感器、一个转接板和2颗M3的螺丝，在底座上找到传感器的安装位置，将二氧化碳传感器小心地放置在转接板上，确保它与底座的安装孔对齐。插入M3螺丝，使用螺丝刀将M3螺丝插入传感器的安装孔中，然后轻轻旋转以确保它们牢固地固定在底座上。检查安装，仔细检查二氧化碳传感器的安装，确保它牢固、垂直，并且没有松动。

步骤2：把设备固定到操作台上，如图2-15所示。

图2-14 安装到操作台

图2-15 安装到操作台

3）射频链路器

步骤1：准备工作，确保已经准备好所需的物料，包括1个射频链路器、2个螺栓，设备清单如表2-6所示。

表2-6 设备清单

名称	型号	数量
射频链路器	ITS-IOTX-NT-GW24WF-A	1
螺栓	M4×18	2

步骤2：在操作台上找到适合安装射频链路器的位置，考虑到设备之间的物理连接和操作需求。将射频链路器对准选择的安装位置，确保孔位和射频链路器的孔位置对齐。用螺丝刀拧紧螺栓，如图2-16所示。

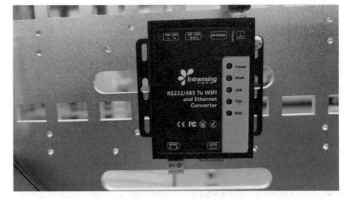

图2-16 链路器安装

2．生产区设备安装

1）激光对射

步骤1：准备工作，确保已经准备好所需的物料，包括1个激光对射、2个螺栓和2个支架，设备清单如表2-7所示。

表2-7 设备清单

名称	型号	数量
激光对射	ITS-IOTX-SS-0C120L-A	1
螺栓	M4×18	2
支架	L形支架	2

步骤2：把传感器固定在L形支架上，如图2-17所示。

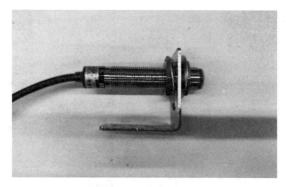

图2-17　安装支架

步骤3：确定安装位置，在操作台上选择一个合适的位置，确保这个位置对于传感器的功能和操作是最理想的。安装传感器，将限位传感器的底部或固定孔与操作台的安装位置对齐。插入螺栓，使用M4螺栓将传感器的底部通过固定孔连接到操作台上。通过底部的固定孔将螺栓插入，并确保传感器牢牢固定在操作台上。紧固螺栓，使用螺栓刀将螺栓紧固，以确保传感器牢固地连接到操作台。检查安装，仔细检查传感器的安装，确保它处于正确的位置，且安装稳固，如图2-18所示。

图2-18　安装到操作台

2）微动开关

步骤1：准备工作，确保已经准备好所需的物料，包括1个限位传感器、4个螺栓和2个铜柱，设备清单如表2-8所示。

表2-8　设备清单

名称	型号	数量
限位传感器	ITS-IOTX-SS-5GW55B-A	1
螺栓	M3×8	4
铜柱	M3×6	2

步骤2：选择安装位置，在需要安装限位传感器的设备上选择一个合适的位置。安装铜柱，将2个铜柱分别插入设备上的两个安装孔中。这些铜柱将为限位传感器提供支撑。安装限位传感器，将限位传感器的固定孔与铜柱对齐，并用螺栓将传感器固定在位置上。确保传感器安装牢固，且位置正确。紧固螺栓，使用螺栓刀将2个螺栓逐一紧

固，确保铜柱牢固地连接到传感器上。

步骤3：确定安装位置，在操作台上选择一个合适的位置，确保这个位置对于传感器的功能和操作是最理想的。安装传感器，将限位传感器的底部或固定孔与操作台的安装位置对齐。插入螺栓，使用M3螺栓将传感器的底部通过固定孔连接到操作台上。通过底部的固定孔将螺栓插入，并确保传感器牢牢固定在操作台上。紧固螺栓，使用螺栓刀将2个螺栓逐一紧固，以确保传感器牢固地连接到操作台。

图2-19 安装到操作台

检查安装，仔细检查传感器的安装，确保它处于正确的位置，且安装稳固，如图2-19所示。

3）数字表头

步骤1：准备工作，确保已经准备好所需的物料，准备1个数字表头，设备清单如表2-9所示。

表2-9 设备清单

名称	型号	数量
数字表头	ITS-IOTX-EX-ZEM031-A	1

步骤2：在操作台上找到专门为数字表头设计的孔位，将数字表头插入到专门孔位中，确保它能够稳固地插入，确保正确的插入方向。

4）电磁锁

步骤1：准备工作，确保已经准备好所需的物料，包括1个电磁锁、4个螺栓和2个铜柱，设备清单如表2-10所示。

表2-10 设备清单

名称	型号	数量
电磁锁	ITS-IOTX-EX-LY0112-A	1
螺栓	M3×8	4
铜柱	M3×6	2

步骤2：选择安装位置，在需要安装电磁锁的设备上选择一个合适的位置。安装铜柱，将2个铜柱分别插入设备上的两个安装孔中。这些铜柱将为电磁锁提供支撑。安装电磁锁，将电磁锁的固定孔与铜柱对齐，并用螺栓将电磁锁固定在位置上。确保电磁锁安装牢固，且位置正确。紧固螺栓，使用螺栓刀将2个螺栓逐一紧固，确保铜柱牢固地连接到电磁锁上。

步骤3：确定安装位置，在操作台上选择一个合适的位置，确保这个位置对于电磁锁的功能和操作是最理想的。安装电磁锁，将电磁锁的底部的固定孔与操作台的安装位置对齐。插入螺栓，使用M3螺栓将电磁锁的底部通过固定孔连接到操作台上。通过底部的固定孔将螺栓插入，并确保电磁锁牢牢固定在操作台上。紧固螺栓，使用螺栓刀将

2个螺栓逐一紧固，以确保电磁锁牢固地连接到操作台。检查安装，仔细检查电磁锁的安装，确保它处于正确的位置，且安装稳固，如图2-20所示。

5）电动推杆

步骤1：准备工作，确保已经准备好所需的物料，包括1个电动推杆、4个螺栓和2个铜柱，设备清单如表2-11所示。

图2-20　安装到操作台

表2-11　设备清单

名称	型号	数量
电动推杆	ITS-IOTX-EX-MNTG12-A	1
螺栓	M3×8	4
铜柱	M3×6	2

步骤2：选择安装位置，在需要安装电动推杆的设备上选择一个合适的位置。安装铜柱，将2个铜柱分别插入设备上的两个安装孔中。这些铜柱将为电动推杆提供支撑。安装电动推杆，将电动推杆的固定孔与铜柱对齐，并用螺栓将电动推杆固定在位置上。确保电动推杆安装牢固，且位置正确。紧固螺栓，使用螺栓刀将2个螺栓逐一紧固，确保铜柱牢固地连接到电动推杆上。

步骤3：确定安装位置，在操作台上选择一个合适的位置，确保这个位置对于电动推杆的功能和操作是最理想的。安装电动推杆，将电动推杆的底部的固定孔与操作台的安装位置对齐。插入螺栓，使用M3螺栓将电动推杆的底部通过固定孔连接到操作台上。通过底部的固定孔将螺栓插入，并确保电动推杆牢牢固定在操作台上。紧固螺栓，使用螺栓刀将2个螺栓逐一紧固，以确保电动推杆牢固地连接到操作台。检查安装，仔细检查电动推杆的安装，确保它处于正确的位置，且安装稳固，如图2-21所示。

图2-21　安装到操作台

6）时间继电器

步骤1：准备工作，确保已经准备好所需的物料，包括1个数显时间继电器、2个螺栓和1个导轨，设备清单如表2-12所示。

表2-12 设备清单

名称	型号	数量
数显时间继电器	ITS-IOTX-CT-DH48SS-A	1
螺栓	M4×18	2
导轨	U型TH35MM	1

步骤2： 选择安装位置，在操作台上选择适合安装导轨的位置。考虑到导轨的长度和所需的工作空间。将导轨放置在所选安装位置上，确保它对齐并满足操作需求。将M4螺栓分别穿过导轨的孔，然后将每个螺栓通过对应的位置用螺丝刀拧紧螺栓。检查导轨的安装，确保它牢固地固定在操作台上，没有晃动或不稳定的迹象。

步骤3： 在导轨上选择适当的位置，以安装时间继电器。考虑到时间继电器的尺寸和连接要求。根据时间继电器的设计和安装要求，确保其安装方向正确，如图2-22所示。

图2-22 安装数显时间继电器

7）计数器

步骤1： 准备工作，确保已经准备好所需的物料，包括1个计数器（电压型）、2个螺栓，设备清单如表2-13所示。

表2-13 设备清单

名称	型号	数量
计数器（电压型）	ITS-IOTX-EX-16HVOL-A	1
螺栓	M3×8	2

步骤2： 选择安装位置在操作台上找到专门为计数器设计的孔位，将计数器插入到专门孔位中，确保它能够稳固地插入，确保正确的插入方向。

步骤3： 将两个M3螺栓分别插入计数器的孔位中。使用螺丝刀紧固两个M3螺栓，确保计数器牢固地固定在专门孔位上，如图2-23所示。

图2-23 安装计数器

8）联动控制器

步骤1： 准备工作，确保已经准备好所需的物料，包括1个联动控制器、2个螺栓和1个导轨，设备清单如表2-14所示。

表2-14　设备清单

名称	型号	数量
联动控制器	ITS-IOTX-CT-SW04DS-A	1
螺栓	M4×18	2
导轨	U型TH35MM	1

步骤2：选择安装位置，在操作台上选择适合安装导轨的位置。考虑到导轨的长度和所需的工作空间。将导轨放置在所选安装位置上，确保它对齐并满足操作需求。将M4螺栓分别穿过导轨的孔，然后将每个螺栓通过对应的位置用螺丝刀拧紧螺栓。检查导轨的安装，确保它牢固地固定在操作台上，没有晃动或不稳定的迹象。

步骤3：在导轨上选择适当的位置，以安装联动控制器。考虑到联动控制器的尺寸和连接要求。根据联动控制器的设计和安装要求，确保其安装方向正确，如图2-24所示。

图2-24　安装联动控制器

9）多模链路器

步骤1：准备工作，确保已经准备好所需的物料，包括1个多模链路器、2个螺栓，设备清单如表2-15所示。

表2-15　设备清单

名称	型号	数量
多模链路器	ITS-IOTX-NT-GW24WE-A	1
螺栓	M4×18	2

步骤2：在操作台上找到适合安装多模链路器的位置，考虑到设备之间的物理连接和操作需求。将多模链路器对准选择的安装位置，确保孔位和多模链路器的孔位置对齐，用螺丝刀拧紧螺栓，如图2-25所示。

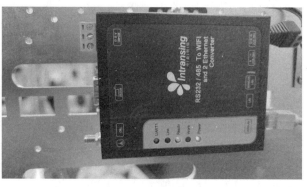

2.2.4.2　电路连接

1. 监测区设备电路连接

设备电气连接图如图2-26所示。

图2-25　安装多模链路器

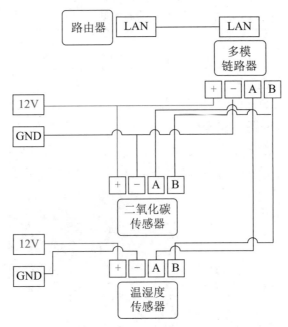

图2-26　设备电气连接图

（1）温湿度传感器。

温湿度传感器的电源接口为宽电压输入，输入电压10～30V均可。另外传感器的RS485通信导线接线时，需注意A/B两条信号线不能接反，总线上多台设备间地址不能冲突，导线颜色定义如表2-16所示。

表2-16　导线颜色定义

线色	说明	备注
棕色导线	电源正极	DC 10～30V
黑色导线	电源负极	
黄色导线	A线	
蓝色导线	B线	

步骤1：供电连接。

连接温湿度传感器的12V+和12V−分别到供电端子电源的正极和负极。

步骤2：数据通信连接（RS485）。

连接温湿度传感器的485A和485B到RS485通信总线的A线和B线。

步骤3：连接到射频链路器。

将RS485通信总线连接到射频链路器的RS485接口。确保连接方向正确，即485A对应到A线，485B对应到B线。

步骤4：检查连接。

在连接完成后，仔细检查所有电缆和连接，确保连接牢固，无短路或松动。

步骤5：电源启动。

启动电源，确保传感器正确供电。

（2）二氧化碳传感器。

二氧化碳传感器的电源接口为宽电压输入，输入电压10～30V均可。另外传感器的RS485通信导线接线时，需注意A/B两条信号线不能接反，总线上多台设备间地址不能冲突，导线颜色定义如表2-17所示。

表2-17　导线颜色定义

线色	说明	备注
棕色导线	电源正极	DC 10～30V
黑色导线	电源负极	
黄色导线	A线	
蓝色导线	B线	

步骤1：供电连接。

连接二氧化碳传感器的12V+和12V-分别到供电端子电源的正极和负极。

步骤2：数据通信连接（RS485）。

连接二氧化碳传感器的485A和485B到RS485通信总线的A线和B线。

步骤3：连接到射频链路器

将RS485通信总线连接到射频链路器的RS485接口。确保连接方向正确，即485A对应到A线，485B对应到B线。

步骤4：检查连接。

在连接完成后，仔细检查所有电缆和连接，确保连接牢固，无短路或松动。

步骤5：电源启动。

启动电源，确保传感器正确供电。

2. 监测区射频链路器电路连接

电源连接。

连接射频链路器的电源输入。将电源正极连接到12V电源，电源负极连接到电源的负极。

3. 生产区设备电路连接

1）防误触系统（激光对射传感器）电路连接

电路连接图如图2-27所示。

（1）供电连接。

步骤1：发射端电路连接用一段红黑导线用于连接接线端子与电源。连接接线端子的那端导线的红色电线接入第一片接线端子下方卡口中，与上方卡口中的红色电线相对应，黑色电线接入第二片接线端子下方卡口中，与上方卡口的黑色电线相对应。

步骤2：接收端电路连接用一段红黑导线用于连接接线端子与电源。连接接线端子的那端导线的红色电线接入第一片接线端子下方卡口中，与上方卡口中的红色电线相对应，黑色电线接入第二片接线端子下方卡口中，与上方卡口的黑色电线相对应，信号线连接到联动控制器的IN1。

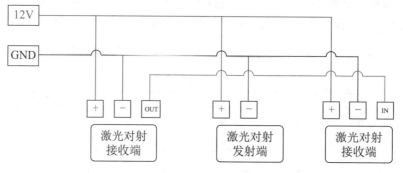

图2-27　电路连接图

（2）信号线连接到联动控制器。

将激光对射设备的信号线连接到联动控制器的IN1输入端口。确保连接正确，按照设备或控制器的规格进行连接。

（3）检查连接。

在连接完成后，仔细检查所有电缆和连接，确保连接牢固，无短路或松动。

（4）电源启动。

启动激光对射设备的电源，确保设备正常供电。

2）冲孔系统电路连接

电路连接图如图2-28所示。

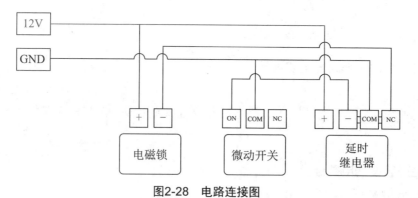

图2-28　电路连接图

（1）此场景的工作原理是电磁锁默认是锁舌收缩进去，电磁锁接收到微动开关的信号后，执行解锁操作，使锁舌伸出（时间继电器）。

（2）接口定义。

微动开关接口定义：微动开关有三个接线柱，分别是公共端COM、常开端ON和常闭端NC。

电磁锁接口定义：电磁锁接口分别是输入+和输入−。

（3）电路连接。

步骤1：从接线端子接出一根12V-（负极）线，将其连接到微动开关的COM（公共）口。

步骤2：从微动开关的常闭触点接出一根线，将其连接到时间继电器的供电接口的负极。

步骤3：将时间继电器的供电接口的正极连接到接线端子的12V正极。

步骤4：将电磁锁的供电接口的正极连接到接线端子的12V正极。

步骤5：从电磁锁的电源接口，将两根线连接到计数器的信号采集引脚。这种连接可能是为了在电磁锁工作时触发计数器，实现对电磁锁工作次数的计数。

步骤6：将计数器的供电接口的正极连接到接线端子的12V正极。将计数器的供电接口的负极连接到接线端子的12V负极。

3）数字表头接线

步骤1：将操作台的12V电源输出连接至数字表头的输入。

步骤2：将数字表头的输出端子连接至设备电源输出端子。这一步确保了数字表头与设备之间的有效电源连接，为设备提供所需的电力支持。

2.2.5　项目实战

根据所学知识绘制自动送料系统电路连接图，如图2-29所示。

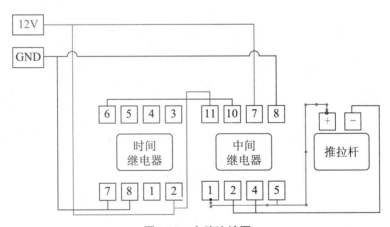

图2-29　电路连接图

（1）此场景工作原理是设备启动后，时间继电器开始计时，根据设定的时间进行送料。

（2）接口定义。

时间继电器接口定义：时间继电器一共用了4个引脚，7和2是电源输入，8和6是常开触点。

中间继电器接口定义：中间继电器一共用了8个引脚，10和11是电源输入，7和8是公共端，1和2是常闭触电，4和5是常开触点。

推拉杆接口定义：推拉杆接口分别输入+和输入-。

（3）电路连接。

步骤1：从接线端子接出一根12V-（负极）线，将其连接到时间继电器的8和2引脚。

步骤2：从接线端子接出一根12V+（正极）线，将其连接到时间继电器的7引脚。

步骤3：从时间继电器的6引脚引出一根线，将其连接到中间继电器的10引脚。

步骤4：从接线端子接出一根12V+（正极）线，将其连接到中间继电器的10和7引脚。

步骤5：从接线端子接出一根12V-（负极）线，将其连接到中间继电器的8引脚。

步骤6：从中间继电器的1和5引脚接出一根线，接到推拉杆的输入正。

步骤7：从中间继电器的2和4引脚接出一根线，接到推拉杆的输入负。

2.2.6　任务评价

任务完成后，填写任务评价表，如表2-18所示。

表2-18　任务评价表

检查内容	检查结果	满意率		
监测区设备安装是否正确	是□　否□	100%□	70%□	50%□
生产区设备安装是否符合规范	是□　否□	100%□	70%□	50%□
监测区设备安装是否符合规范	是□　否□	100%□	70%□	50%□
生产区设备安装是否符合规范	是□　否□	100%□	70%□	50%□
监测区设备接线是否符合规范	是□　否□	100%□	70%□	50%□
生产区设备接线是否符合规范	是□　否□	100%□	70%□	50%□
完成任务后使用的工具是否摆放、收纳整齐	是□　否□	100%□	70%□	50%□
完成任务后工位及周边的卫生环境是否整洁	是□　否□	100%□	70%□	50%□

2.2.7　任务反思

设备安装细节：在设备安装过程中，特别是激光对射设备的固定和电磁锁行程开关的位置选择，需要更加细致地考虑操作台的稳定性，以确保设备在运行时不会受到干扰。

系统整合测试：在整合阶段，认识到对系统配置的详细测试尤为重要，以避免潜在的配置错误导致系统不稳定。未来工作中，更加注重对系统整合性能的全面检查。

模拟场景优化：工作流程验证中的模拟场景可以进一步优化，考虑更多实际生产中可能出现的复杂情况，以保证系统的稳定性和可靠性。

2.3 任务 3 设备参数配置过程

2.3.1 任务工单

华龙汽车制造厂设备参数配置任务工单如表2-19所示。

表2-19 任务工单

任务名称	华龙汽车制造厂设备参数配置	学时	4	班级	
组别		组长		小组成绩	
组员姓名			组员成绩		
实训设备	桌面式实训操作平台	实训场地		时间	
课程任务	为华龙汽车制造厂的改造进行设备配置				
任务目的	利用物联网技术实现对智能生产系统的改造，进行设备参数配置				
任务实施要求	学习传感器、执行器、联动控制、链路器的配置方法				
实施人员	以小组为单位，成员2人				
结果评估（自评）	完成□ 基本完成□ 未完成□ 未开工□				
情况说明					
客户评估	很满意□ 满意□ 不满意□ 很不满意□				
客户签字					
公司评估	优秀□ 良好□ 合格□ 不合格□				

2.3.2 任务目标

学习传感器、联动控制器、执行器、射频链路器、多模链路器的配置方法并对设备进行配置测试。

2.3.3 任务规划

根据所学相关安装与调试的知识，制订并完成本次任务的实施计划。计划的具体内容可以包括任务前准备、分工等，任务中的具体实施步骤，以及完成后的总结等内容。任务规划表如表2-20所示。

表2-20 任务规划表

项目名称	华龙汽车制造厂设备参数配置	
任务计划	配置温湿度传感器、二氧化碳传感器、激光对射、计数器、数显时间继电器、延时继电器、电磁锁、电动推杆、数字表头、按钮、射频链路器、多模链路器和联动控制器并完成接线	
达成目标	数据正常读取，工作正常	
序号	任务内容	所需时间/分钟
1	根据任务对监测区的传感器进行配置	20
2	根据任务对监测区的射频链路器进行配置	15
3	根据任务对生产区的联动控制器进行配置	15
4	根据任务对生产区的执行器进行配置	20
5	根据任务对生产区的多模链路器进行配置	20

2.3.4 任务实施

2.3.4.1 传感器配置

1. 温湿度传感器

1) 配置串口调试助手

将温湿度传感器通过USB转485，然后正确地连接计算机并提供供电，打开串口调试助手并安装驱动，找到正确的COM口。通过发送数据调试传感器。传感器默认波特率为4800b/s，默认地址为0x01。

2) 寄存器地址

寄存器地址如表2-21所示。

表2-21 寄存器地址

寄存器地址	PLC 或组态地址	内容	操作
0000 H	4001	湿度	只读
0001 H	4002	温度	只读

3) 通信协议

通信协议表如表2-22所示。

表2-22 通信协议表

地址问询码	FF 03 07 D0 00 01 91 59
地址应答码	01 03 02 00 01 79 84
地址修改码	01 06 07 D0 00 02 08 86
地址应答码	01 06 07 D0 00 02 08 86
波特率问询码	FF 03 07 D1 00 01 C0 99
波特率应答码	01 03 02 00 01 79 84

续表

波特率修改码	01 06 07 D1 00 02 59 46	
波特率应答码	01 06 07 D1 00 02 59 46	
温度问询码	01 03 00 01 00 01 D5 CA	
温度应答码	01 03 02 FF 9F B9 DC 温度计算：当温度低于0℃时温度数据以补码的形式上传。温度：FF9F H（十六进制）= -97 => 温度 = -9.7℃	01 03 02 00 E2 38 0D 第 4/5 字节为数据区
湿度问询码	01 03 00 00 00 01 84 0A	
湿度应答码	01 03 02 01 E6 38 5E 湿度计算：湿度：1E6 H（十六进制）= 486 => 湿度 = 48.6%RH	01 03 02 02 62 38 CD 第 4/5 字节为数据区
	波特率（00 为 2400，01 为 4800，02 为 9600）	

4）温湿度传感器配置实操

根据表2-23所示对温湿度传感器进行修改配置。

表2-23　温湿度传感器参数表

波特率	9600
地址	0x02
湿度组态地址	4001
温度组态地址	4002

（1）打开串口助手。

步骤1：选好对应串口和波特率然后打开串口。

步骤2：选择自动发送附加位，附加位选择为"CRC-16"，如图2-30所示。

图2-30　设置校验算法

知识链接

CRC16（Cyclic Redundancy Check，循环冗余校验）是一种错误检测码，用于检测在数据传输过程中是否发生了错误。CRC16 是 16 位的循环冗余校验码，通常用于检测数据的完整性。CRC 算法基本思想是通过对数据进行除法运算来生成冗余校验码。发送方在数据中附加 CRC 码，接收方则通过对接收到的数据再次进行 CRC 运算，然后与接收到的 CRC 码进行比较，以检测是否有错误发生。

（2）发送地址查询码。

步骤1：发送地址查询报文如下：

FF 03 07 D0 00 01

步骤2：查看返回报文如下：

01 03 02 00 01 79 84

从报文中可以观察到，当前设备的地址为01。

（3）地址修改。

根据项目要求需要把温湿度传感器的通信地址修改为0x02。

步骤1：发送地址修改报文如下：

01 06 07 D0 00 02

步骤2：通过分析应答报文，检查地址是否成功修改，报文如下：

01 06 07 D0 00 02 08 86

切记修改完成后需要重启传感器，进行重新上电。

（4）读取温度。

步骤1：发送温度读取报文，报文如下：

02 03 00 01 00 01

步骤2：从收到报文中分析出温度是多少，报文如下：

02 03 02 00 DA DF

数据位是00DA具体换算方法如下：

"00DA"是一个十六进制数，要将其转换为十进制，"00DA"的十进制表示是218，根据实际的温度计算方法得知温度是218/10=21.8℃。

（5）读取湿度。

步骤1：发送湿度读取报文，报文如下：

02 03 00 00 00 01

步骤2：从收到报文中分析出湿度是多少，报文如下：

02 03 02 01 02 7C 15

根据实际的湿度计算方法得知温度是258/10=25.8%RH。

（6）查询波特率。

步骤1：发送查询波特率报文，报文如下：

FF 03 07 01 00 01

步骤2：从收到报文中分析出比特率是多少，报文如下：

02 03 02 00 01 3D 84

数据位是0001，波特率00为2400，01为4800，02为9600，所以波特率是4800。

（7）修改波特率。

步骤1：发送修改波特率报文，报文如下：

02 06 07 D1 00 02

步骤2： 查看返回结果，报文如下：

02 06 07 D1 00 02 59 75

波特率已经成功修改为9600。

2. 二氧化碳传感器

1）配置串口调试助手

将二氧化碳传感器通过USB转485正确地连接计算机并提供供电，打开串口调试助手并安装驱动找到正确的COM口。通过发送数据调试传感器。传感器默认波特率为4800b/s，默认地址为0x01。

2）寄存器地址

寄存器地址如表2-24所示。

表2-24 寄存器地址

寄存器地址	PLC 或组态地址	内容	操作
0002 H	4003	CO_2浓度值	只读

3）通信协议

通信协议表如表2-25所示。

表2-25 通信协议表

CO_2浓度问询码	01 03 00 02 00 01 25 CA	
CO_2浓度应答码	01 03 02 0B B8 BF 06 C02：BB8 H（十六进制）=3000 =>C02=3000ppm	01 03 02 07 AB FB CB第 4/5 字节为数据区
	波特率（00 为 2400，01 为 4800，02 为 9600）	

4）二氧化碳传感器配置实操

根据表2-26所示对二氧化碳传感器进行修改配置。

表2-26 二氧化碳传感器参数表

波特率	9600
地址	0x03
二氧化碳组态地址	4003

（1）打开串口助手。

步骤1： 打开串口助手。

步骤2： 选择自动发送附加位，附加位选择为"CRC-16"，如图2-31所示。

（2）发送地址查询码。

步骤1： 发送地址查询报文，报文如下：

FF 03 07 D0 00 01

步骤2： 查看返回结果，报文如下：

图2-31 设置校验算法

01 03 02 00 01 79 84

（3）地址修改。

根据项目要求需要把二氧化碳传感器的通信地址修改为0x03。

步骤1： 发送地址修改报文，报文如下：

01 03 07 D0 00 03

步骤2： 通过分析应答报文，检查地址是否成功修改，报文如下：

02 06 07 D0 00 03 C9 46

切记修改完成后需要重启传感器，进行重新上电。

（4）读取CO_2数值。

步骤1： 发送CO_2读取报文，报文如下：

03 03 00 02 00 01

步骤2： 从收到报文中分析出湿度是多少，报文如下：

03 03 02 02 78 C0 C6

数据位是0278，所以0278的十进制表示是632，根据实际的二氧化碳计算方法得知二氧化碳浓度是632ppm。

（5）修改波特率。

步骤1： 发送修改波特率报文，波特率00为2400，01为4800，02为9600，所以波特率设置为9600，报文如下：

03 06 07 D1 00 02

步骤2： 查看返回结果，报文如下：

03 06 07 D1 00 02 58 A4

波特率已经成功修改为9600。

2.3.4.2　执行器配置

1．数显时间继电器

1）配置说明

模式设定。例如设置03S03S，表示负载设备A工作3秒负载设备B休息3秒。之后负载设备B工作3秒，设备负载A休息3秒。如此交替循环，如图2-32所示。

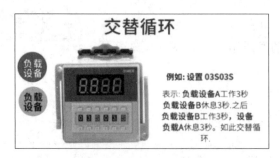

图2-32　交替循环模式

2）数显时间继电器配置实操

配置要求如表2-27所示。

表2-27　配置要求

模式	交替循环模式/秒
工作时间	9
休息时间	4

把工作时间单位修改成s，设置工作时间为9s，把休息时间单位修改成s，设置休息时间为4s。

2. 时间继电器

1）时间继电器说明

时间继电器如图2-33所示。

2）配置时间继电器

旋转旋钮进行时间调整。

图2-33　时间继电器

2.3.4.3　链路器配置

1. 射频链路器

链路器配置参数表如表2-28所示。

表2-28　链路器配置参数表

项目	参数值	项目	参数值
设备默认地址	10.10.100.254	网口工作方式	LAN口
设备账号	admin	串口工作模式	透明传输模式
设备密码	admin	串口波特率	9600
工作模式	STA模式	串口数据位	8
加密模式	WPA2-PSK	串口校验位	None
加密算法	TKIP	串口停止位	1
无线名称	华龙汽车制造厂+组号	网络模式	Client模式
无线密码	12345678	网络协议	TCP

1）连接设备

启动计算机浏览器，查看链路器背后标签，输入该链路器的默认IP地址（此处以10.10.100.254为例）：10.10.100.245。 IP地址正确，会提示输入用户名、密码框，默认用户名为admin，默认密码为admin。

2）无线配置

根据配置表设置"工作模式"为AP模式；设置无线名称和密码，例如设置"网络名称（SSID）"为"华龙汽车制造厂01"、"密码"为"12345678"；设置加密模式和加密算法，例如设置"加密模式"为"WPA2-PSK"、"加密算法"为"TKIP"，如图2-34所示。

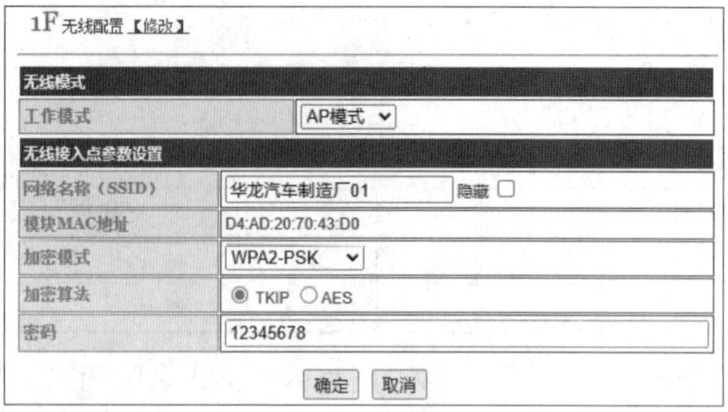

图2-34　无线配置

3）以太网配置

根据配置表选择"设置网口工作方式"为"LAN口"，网口功能开启，如图2-35所示。

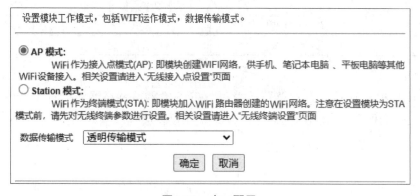

图2-35　以太网配置

4）串口配置

根据配置表设置"数据传输模式"为"透明传输模式"，如图2-36所示。

图2-36　串口配置

根据配置表设置串口工作模式：波特率根据系统数据传输需求进行选择，"数据位"选择8，"校验位"选择None，"停止位"选择1，如图2-37所示。

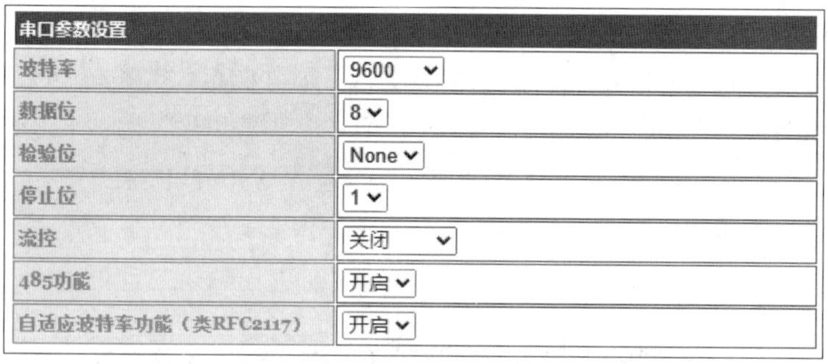

图2-37   设置串口传输模式

5）网络配置

根据配置表设置"网络模式"为Client模式、"协议"为TCP模式，如图2-38所示。

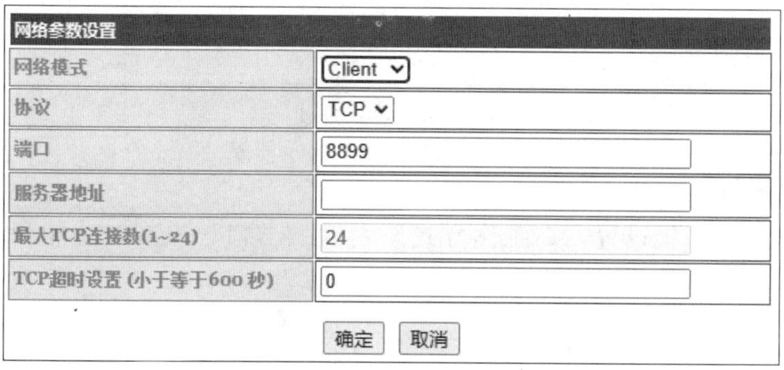

图2-38   网络配置

2. 多模链路器

链路器配置参数表如表2-29所示。

表2-29   链路器配置参数表

项目	参数值	项目	参数值
设备默认地址	10.10.100.254	网口工作方式	LAN口
设备账号	admin	串口工作模式	透明传输模式
设备密码	admin	串口波特率	9600
工作模式	AP模式	串口数据位	8
加密模式	WPA2-PSK	串口校验位	None
加密算法	TKIP	串口停止位	1
无线名称	华龙汽车制造厂+组号	网络模式	Client模式
无线密码	12345678	网络协议	TCP

1）连接设备

启动计算机浏览器，查看链路器背后标签，输入该链路器默认IP地址（此处以10.10.100.254为例）：10.10.100.245。 IP地址正确，会提示输入用户名、密码框，默认用户名为admin，默认密码为admin。

2）无线配置

根据配置表设置"工作模式"为"AP模式"；设置无线名称和密码，例如设置"网络名称（SSID）"为"华龙汽车制造厂01"、"密码"为"12345678"；设置加密模式和加密算法，例如设置"加密模式"为"WPA2-PSK"、"加密算法"为"TKIP"，如图2-39所示。

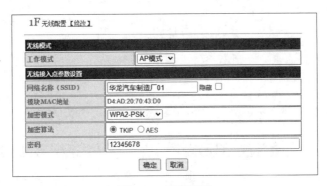

图2-39　无线配置

3）以太网配置

根据配置表选择"设置网口工作方式"为"LAN口"，网口功能开启，如图2-40所示。

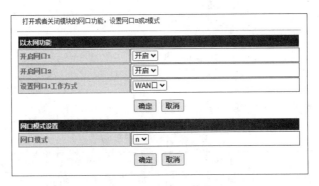

图2-40　以太网配置

4）串口配置

根据配置表设置"数据传输模式"为"透明传输模式"，如图2-41所示。

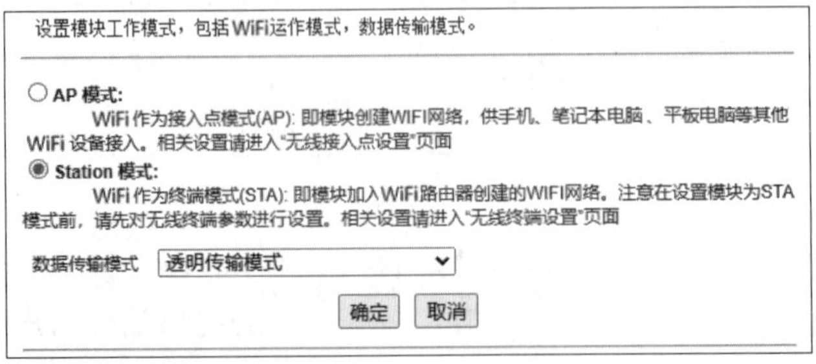

图2-41　串口配置

根据配置表设置串口工作模式：波特率根据系统数据传输需求进行选择，"数据位"选择8，"校验位"选择None，"停止位"选择1，如图2-42所示。

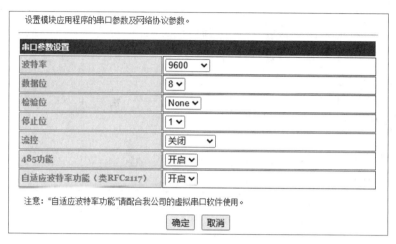

图2-42　波特率配置

5）网络配置

根据配置表设置"网络模式"为Client模式、"协议"为TCP模式，如图2-43所示。

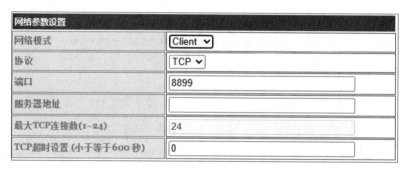

图2-43　网络配置

2.3.4.4　联动控制器

1．通信测试

（1）选择设备当前串口号，打开串口。

（2）选择对应的产品型号。

（3）"设备地址"修改为254，单击"读取地址"按钮，软件底部提示"读取成功"，读到的设备地址为0或1，软件右下方的发送和指令正确，则说明设备与计算机通信成功，如图2-44所示。

图2-44　通信测试

2. 参数及工作模式设置

1）设备地址

（1）设备地址介绍。

DAM系列设备地址默认为1，使用广播地址254进行通信，若读到默认地址为0，先更改地址，因为用0无法通信，设备地址=拨码开关地址+偏移地址。

（2）设备地址读取。

设备正常通信后，初始设备地址写入254，然后单击软件上方的"读取地址"按钮即可读到设备的当前地址，如图2-45所示。

图2-45　参数及工作模式设置

（3）拨码开关地址。

5个拨码全都拨到ON位置时，地址为31，5个拨码全都拨到OFF位置时，地址为0，最左边1为二进制最低位。

（4）偏移地址的设定与读取。

单击DAM调试软件下方偏移地址后边的"读取"或"设置"按钮，对设备的偏移地址进行读取或设置，如图2-46所示。

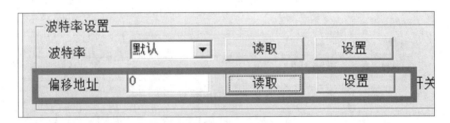

图2-46　偏移地址的设定与读取

（5）波特率的读取与设置。

单击下方波特率设置栏的"读取"和"设置"按钮，可以分别读取与设置波特率和地址，操作后需要重启设备和修改计算机串口设置，如图2-47所示。

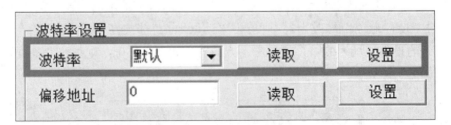

图2-47　波特率的读取与设置

2）工作模式

（1）工作模式说明。

① 本机非锁联动模式。

本身带有光耦输入和继电器输出的板卡模块，在该模式下，输入光耦与继电器为直接联动。即光耦输入信号生效，对应继电器吸合；光耦输入信号取消，对应继电器断开。

该模式下因为机械及程序的延迟，光耦输入信号到继电器动作会有一定的延迟，但最大延迟不会超过0.05秒。

由于该模式下所有继电器直接受光耦联动，所以会出现串口无法操作继电器的现象，这并不是异常现象，而是串口操作继电器后，在继电器未动之前就被光耦的状态联动了。

② 本机自锁联动模式。

模块本身带有光耦输入和继电器输出的板卡模块，在该模式下，光耦每输入一次信号，对应的继电器就翻转一次。即光耦输入信号生效，继电器翻转（吸合变断开、断开变吸合）；光耦输入信号取消，继电器不动作。

该模式同样存在非锁模式的延迟问题，但是延迟时间同样不会大于0.05秒。

该模式主要可以用于外部信号触发来控制设备启停的场合，例如光耦外接一个按钮，对应的继电器外接用电设备，则每按一次按钮，设备就会切换一次启停状态。

（2）工作模式配置。

设备正常通信后，在软件"工作模式"部分选择相应工作模式设置即可，如图2-48所示。

单击"设置"按钮后，软件下方提示"设置成功"即可。

3）闪开闪断功能及设置

（1）闪开闪断功能介绍。

手动模式：对继电器每操作一次，继电器就翻转一次（闭合时断开，断开时闭合）。

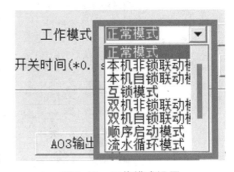

图2-48　工作模式设置

闪开模式：对继电器每操作一次，继电器就闭合1秒（实际时间（单位秒）=设置数字×0.1）后自行断开。

闪断模式：对继电器每操作一次，继电器就断开1秒（时间可调）后自行闭合。

（2）闪断闪开的设置

打开"DAM调试软件"，单击继电器模式后面下拉按钮进行模式的选择（后边时间可自行设置，实际时间等于填写数字×0.1（单位秒）），如图2-49所示。

注意：闪断闪开模式不能写入设备芯片，软件上选择闪断闪开模式后，所有通道都为闪断闪开模式下，可通过发送单个通道的闪断闪开指令来进行单个通道的控制，不影响其他通道的正常控制。

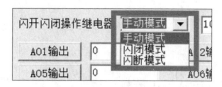

图2-49　闪开闪断功能及设置

3. 联动控制器配置实操

联动控制器配置参数表如表2-30所示。

表2-30　联动控制器配置参数表

项目	参数值
波特率	9600
工作模式	本机自锁联动模式
设备地址	1

（1）设置地址，把拨码开关拨成1，如图2-50所示。

（2）打开软件，选择COM口，如图2-51所示。

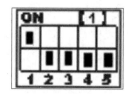

图2-50　设置地址

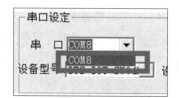

图2-51　选择串口

（3）选择波特率并打开串口，如图2-52所示。

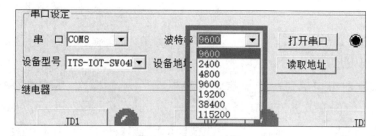

图2-52　波特率选择

（4）读取设备地址，如图2-53所示。

图2-53　读取设备地址

（5）设置设备工作模式为"本机自锁联动模式"，并单击"设置"按钮。

① 选中模式，如图2-54所示。

图2-54 自锁联动模式

② 单击"设置"按钮，如图2-55所示。

图2-55 设置模式

2.3.5 任务评价

任务完成后，填写任务评价表，如表2-31所示。

表2-31 任务评价表

检查内容	检查结果	满意率		
监测区传感器地址配置是否正确	是□ 否□	100%□	70%□	50%□
监测区射频链路器参数配置是否正确	是□ 否□	100%□	70%□	50%□
生产区联动控制器配置是否正确	是□ 否□	100%□	70%□	50%□
生产区多模链路器参数配置是否正确	是□ 否□	100%□	70%□	50%□
完成任务后使用的工具是否摆放、收纳整齐	是□ 否□	100%□	70%□	50%□
完成任务后工位及周边的卫生环境是否整洁	是□ 否□	100%□	70%□	50%□

2.3.6 任务反思

在配置传感器、联动控制器、多模链路器和射频链路器的任务中，成功实现了系统的稳定运行。通过逐步完成传感器的配置、联动控制器的设置、多模链路器的安装和射频链路器的调整，确保各组件之间的协调和数据传输的顺利进行。尽管在配置过程中遇到了一些挑战，例如硬件兼容性问题，但通过快速而有效的问题解决，取得了良好的结果。在未来，将进一步考虑系统的维护计划，以确保长期稳定性，并持续学习优化配置方案的方法。这次任务提供了宝贵的经验，将对未来类似项目的执行产生积极影响。

2.4 任务4 设备调试过程

2.4.1 任务工单

华龙汽车制造厂设备调试任务工单如表2-32所示。

表2-32 任务工单

任务名称	华龙汽车制造厂设备调试	学时	2	班级	
组别		组长		小组成绩	
组员姓名			组员成绩		
实训设备	桌面式实训操作平台	实训场地		时间	
课程任务	为华龙汽车制造厂的改造进行调试运行				
任务目的	利用物联网技术实现对智能生产系统的改造，并进行调试				
任务实施要求	使用调试工具设备进行调试				
实施人员	以小组为单位，成员2人				
结果评估（自评）	完成□ 基本完成□ 未完成□ 未开工□				
情况说明					
客户评估	很满意□ 满意□ 不满意□ 很不满意□				
客户签字					
公司评估	优秀□ 良好□ 合格□ 不合格□				

2.4.2 任务目标

（1）学习Modscan32和Modsim32的使用。

（2）使用Modbus调试软件读取测试传感器工作是否正常。

（3）调试机床送料和冲压的合理时间达到节能减排。

（4）使用联动控制器调试工具_ITS对联动控制器进行调试。

2.4.3 任务规划

根据所学相关安装与调试的知识，制订并完成本次任务的实施计划。计划的具体内容可以包括任务前准备、分工等，任务中的具体实施步骤，以及完成的总结等内容。任务规划表如表2-33所示。

表2-33 任务规划表

项目名称	华龙汽车制造厂设备装接	
任务计划	调试温湿度变送器、二氧化碳传感器、激光对射、计数器、数显时间继电器、延时继电器、电磁锁、电动推杆、数字表头、按钮、射频链路器、多模链路器和联动控制器	
达成目标	熟练使用调试工具	
序号	任务内容	所需时间/分钟
1	学习Modscan32的使用	20
2	使用Modbus调试软件读取测试传感器工作是否正常	20
3	调试机床送料和冲压的合理时间达到节能减排	15
4	调试多模链路器和射频链路器	15
5	使用联动控制器调试工具_ITS对联动控制器进行调试	20

2.4.4 任务实施

2.4.4.1 Modscan32 软件

1. 介绍

Modscan32软件是一个运行在Windows下，作为在RTU或ASCII传输模式下的Modbus协议主设备的应用程序。用来模拟主设备（与之相对的是Modsim32，用于模拟从设备）。它可以发送指令报文到从机设备中，从机响应之后，就可以在界面上返回相应寄存器的数据。

2. Modscan32的使用

1）连接

执行菜单栏中的"连接设置"|"连接"命令，弹出连接配置窗口，如图2-56所示。

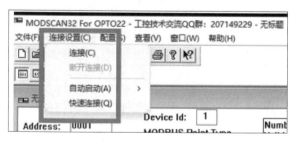

图2-56 连接配置窗口

在"使用的连接"中选择"Direct Connection to COMXX"选项（XX是根据当前使用的端口号来定），表示当前使用串口通信，如果使用的是Modbus/TCP，则选择"Remote modbusTCP Server"选项，如图2-57所示。

2）断开连接

执行菜单栏中的"连接设置"|"断开连接"命令，或单击按钮，断开当前连接，如图2-58所示。

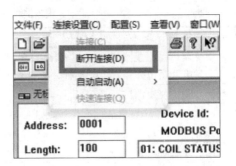

图2-57　设置连接　　　　　　　　图2-58　断开连接

3）串口配置

在配置窗口中配置好端口号、波特率、数据位、校验位、停止位，一般是9600波特率（9600 Baud），8个数据位（8 Data bits），无校验位（None Parity），1个停止位（1 Stop Bit）。当然要根据实际通信的从机设备进行匹配设置，如图2-59所示。

4）TCP配置

在"使用的连接"中选择"Remote modbusTCP Server"选项，设置好IP及端口号，Modbus/TCP的默认端口号为502。实际根据从机设备的IP和端口号来设置，如图2-60所示。

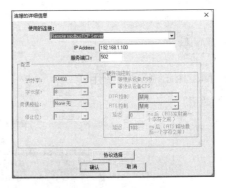

图2-59　串口配置　　　　　　　　图2-60　TCP配置

5）窗口配置

可以在窗口里直接配置，也可以执行"配置"|"数据定义"命令，在弹窗中进行配置。

Address：可以配置读/写的寄存器/线圈起始地址（注意，这里最低只能配置为1，对应Modbus指令里的0地址）。

Length：可以配置读/写的寄存器/线圈个数。

Device Id：可以配置目标从机地址。

MODBUS Point Type：可以配置使用的Modbus点位类型（注意：修改不同的点位类型时，对应地址前面会带有不同的前缀数据，但并不影响Modbus指令里的起始地址，只是用于PLC的地址分段）。01：COIL STATUS，线圈（可读可写），02：INPUT

STATUS，输入线圈（只读），03：HOLDING REGISTER，保持寄存器（可读可写），04：INPUT REGISTER，输入寄存器（只读），如图2-61所示。

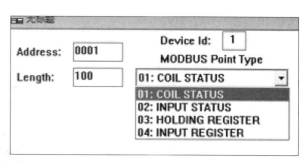

图2-61　窗口配置

扫描速率：配置当前窗口报文发送的周期间隔，如图2-62所示。

6）窗口状态显示

Number of Polls：表示当前已发送的指令数量。

Valid Slave Responses：表示目标从机回复的指令数量。

红色字样表示当前故障状态，详见图2-63所示的故障说明。

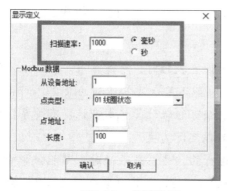

图2-62　扫描数据

图2-63　窗口状态显示

** Device NOT CONNECTED！**：表示当前未连接。

** Data Uninitialized **：表示当前窗口未进行配置。

** MODBUS Message TIME-OUT **：表示发送指令后从设备超时未响应。

而从机设备不回复的可能性有很多。

（1）连接配置错误，主机的波特率、Slave ID等信息跟从机设备对应不上，从机就不会回复。

（2）线路异常，计算机跟从机设备之前的通信线存在异常，也是无法正常收到回复。

（3）从机设备解析异常不回复，具体可以查看Modbus协议详解。

** Checksum Error in Response Message **：响应的数据校验错误。

** MODBUS Exception Response from Slave Device **：地址异常，一般是当访问的从机设备不存在要读取的寄存器/线圈地址时，会返回不存在此地址的02异常码，软件接收到此指令时就会报出这个错误。

7）设置数据格式

执行"配置"|"显示选项"|"二进制/十进制……"命令，选择对应的数据制式

（数据流中的数据也会有变化），如图2-64所示。

8）原始报文

执行"配置"｜"显示选项"｜"显示数据流"命令，或单击，可以切换查看当前的收发数据，其中白底是软件发送的，黑底是从设备回复的，如图2-65所示。

图2-64　设置数据格式

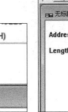

图2-65　原始报文

注意：

（1）这个工具上的一些时间设置，当时间设置较短时，可能不准。例如以前试过把每一帧的发送间隔时间调成1ms（毫秒），但实际用示波器抓到的数据，间隔大概100ms左右，基本低于100ms的都实现不了。这个可能跟计算机本身性能有关系，所以要注意不要太过于相信这里面的时间设置，最好以实际为主。

（2）因为这个软件是在Windows系统上运行的，当系统卡顿时，可能会影响软件的运行，表现出来就是查看的报文有异常。Modbus Slave或其他串口调试工具也会有类似的问题。

2.4.4.2　监测区调试

1. 温湿度传感器调试

连接参数表如表2-34所示。

表2-34　连接参数表

编码	8位二进制	错误校验	CRC（冗余循环码）
数据位	8位	波特率	9600 b/s
奇偶校验位	无	模式	RTU
停止位	1位		

（1）双击打开Modscan32软件。

（2）执行菜单栏中的"连接设置"｜"连接"命令，弹出连接配置窗口，如图2-66所示。

（3）配置设备地址和寄存器地址，如图2-67所示。

图2-66　连接配置窗口

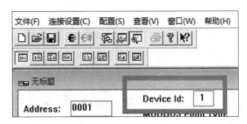

图2-67　设备地址

（4）查看数据结果，如图2-68所示。

（5）根据计算公式算出正确的温湿度数值。

温度计算：当温度低于0℃时温度数据以补码的形式上传。

温度：FF9FH（十六进制）=-97=>温度=-9.7℃。

湿度计算：

湿度：1E6H（十六进制）=486=>湿度=48.6%RH。

所以温度是15.3℃，湿度是31.2%RH。

```
40001: <00E8H>
40002: <0104H>
40003: <0000H>
40004: <0000H>
40005: <0000H>
```

图2-68　温湿度数据结果

2. 二氧化碳度传感器调试

连接参数表如表2-35所示。

表2-35　连接参数表

编 码	8 位二进制	错误校验	CRC（冗余循环码）
数据位	8 位	波特率	9600 b/s
奇偶校验位	无	模式	RTU
停止位	1 位		

（1）双击打开Modscan32软件。

（2）执行菜单栏中的"连接设置"|"连接"命令，弹出连接配置窗口进行连接。

（3）配置设备地址和寄存器地址，如图2-69所示。

（4）查看数据结果，如图2-70所示。

（5）根据计算公式算出正确的二氧化碳传感器数值。

根据实际的二氧化碳计算方法得知二氧化碳的浓度是552ppm。

图2-69　设备地址

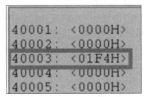

```
40001: <0000H>
40002: <0000H>
40003: <01F4H>
40004: <0000H>
40005: <0000H>
```

图2-70　二氧化碳数据结果

3.射频链路器调试

（1）设备上电，上电之前需要用万用表测试电源正极和电源负极是否短路。

（2）观察设备指示灯是否正常，正常情况下Power灯常亮，Work灯慢闪烁。

（3）通过命令进行测试网络是否正常，按Windows+R组合键打开CMD文件，如图2-71所示。

图2-71　打开CMD文件

（4）通过ping测试网络是否连接正常，如图2-72所示。

图2-72　测试网络

知识链接

ping是一个常用的Dos命令，用于测试主机之间是否能够通信，以及在通信过程中所需的时间。它在多种操作系统上都有相应的实现，如Windows、Linux和mac OS。

ping命令是网络故障排除中的一个重要工具，它可以帮助确定主机之间的网络连接是否正常，以及网络延迟的大小。注意，有些网络环境可能会屏蔽对ping请求的响应，因此ping的结果并不总是绝对可靠。

2.4.4.3　生产区调试

联动控制器如下。

1）上电

（1）上电操作：将系统电源连接并打开电源开关，确保电源供应已经建立。

观察电源指示灯：注意并仔细观察设备上的电源指示灯，查看其显示状态。正常情况下，电源指示灯可能显示不同的颜色、闪烁模式或保持稳定亮起，这通常取决于系统设计。

（2）正常指示：如果电源指示灯显示正常，即符合预期的状态，表示系统电源已经正常启动，包括确认是否有任何异常的闪烁或颜色变化。

（3）异常处理：如果电源指示灯显示异常，例如闪烁频率异常、颜色变异或完全不亮，应立即采取相应的措施，可能包括检查电源连接、确认电源供应是否正常，或者查看设备手册以获取进一步的故障排除指南。

2）通过联动控制器上位机对联动控制器进行测试

（1）双击打开联动控制器调试工具_ITS.exe。

（2）连接串口，设置"波特率"为9600，如图2-73所示。

图2-73   连接串口

3）测试联动控制器的全部继电器是否工作正常

（1）找到继电器测试选项：寻找调试工具中关于继电器的测试选项。这通常在工具的主界面或菜单中，具体取决于工具的设计。

（2）单击打开全部继电器：执行打开全部继电器的操作。这可能是一个按钮、复选框或其他类似的控件。确保选择的选项是打开全部继电器，如图2-74所示。

（3）观察继电器输出指示灯：一旦打开全部继电器，请仔细观察设备上的继电器输出指示灯。正常情况下，这些指示灯应该相应亮起，表示继电器已经成功激活。

（4）记录测试结果：记录每个继电器的测试结果。如果有任何异常，例如某个继电器没有响应或指示灯未亮起，应该详细记录这些问题以便进一步进行故障排除。

图2-74   打开全部继电器

4）急停开关工作是否正常

（1）光耦输出状态查看选项：在调试工具的主界面或菜单中，找到与光耦输出状态的查看选项。

（2）急停开关：按下急停开关，将其从正常位置切换到急停位置，如图2-75所示。

（3）观察光耦输出状态：在调试工具中，观察光耦输出状态的变化。

5）测试急停激光对射是否正常

（1）找到光耦输出状态查看选项：在调试工具的主界面或菜单中，找到光耦输出状态的查看选项，如图2-76所示。

（2）触发激光对射：用手或者物体遮挡住激光对射。

（3）观察光耦输出状态：在调试工具中，观察光耦输出状态的变化。

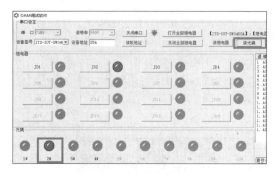
图2-75　查看急停输入

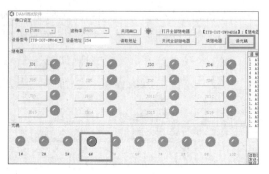
图2-76　激光对射输入

2.4.4.4　华龙汽车制造厂整体调试

（1）机床上电打开电源开关。

（2）检查计数器是否为零。如果不是则单击复位按钮，如图2-77所示。

（3）从数字表头中查看电压、电流是否正确，并记录当前用电量。

（4）调整自动送料系统。为了提高工作效率，需要调整送料系统的时间继电器配置，以更好地适应电动推杆和冲床的运作。基于电动推杆的硬件参数，行程时间为2s，冲床冲眼时间为4s。因此，可以将时间继电器的配置分为两段。

第一段时间：6s，电动推杆的行程时间（2s），冲床冲眼时间（4s）。

第二段时间：4s，电动推杆的收回时间（2s），放料时间（2s）。

这样的调整旨在确保系统在进行送料时能够有效协调电动推杆和冲床的动作，从而提高整体的工作效率。请确保这些时间配置符合工作流程的实际需求，并保持系统的平稳运行，如图2-78所示。

图2-77　计数器复位

图2-78　数显时间继电器

（5）调整自动冲压系统。

① 工作流程。送料系统触碰到限位开关：当送料系统触碰到限位开关时，表示物料已经到达位置。

启动延时继电器：启动一个延时继电器开始计时。这个延时是为了确保物料已经放稳，可以进行下一步的冲压操作。

延时计时：延时继电器计时一段合理的时间，以确保物料的稳定性。这个时间可以根据实际情况进行调整和测试，确保不会在物料没有放稳时进行冲压操作。

冲压操作：延时计时结束后，启动冲压操作，包括电动推杆的行程时间和冲床冲压时间。

电动推杆收回：冲压结束后，启动电动推杆的收回操作，使系统准备进行下一轮的送料。

整个流程中，延时继电器的作用是确保在物料触碰到限位开关后，系统等待一段时间再进行冲压，以防止物料还没有完全稳定。这样设计可以提高生产效率并确保冲压过程的准确性。

图2-79　延时继电器

② 设置延时继电器时间。根据工作流程要求设置合理延时继电器时间。旋转转盘设置时间，如图2-79所示。

2.4.4.5　华龙汽车制造厂自动冲压机床工作流程和紧急情况解决方法

1. 工作流程

开机上电：打开电源开关，确保设备上电。等待设备完成启动过程。

记录数字表头数据：显示屏上的读数记录当前的数据。

检查计数器状态：查找设备上的计数器，确保其显示为零或初始状态。

手动复位清零：如果计数器没有自动清零，执行手动复位操作，将计数器清零。

确认清零：确认计数器已经清零。可以通过观察数字表头或数器的显示来验证清零操作是否成功。

继续操作：在确保计数器已清零后，可以继续进行其他操作或正常使用设备。

2. 突发情况解决方案

遇到有人在危险区域时采取如下措施。

（1）自动断电：当机床检测到有人员进入危险区域时，立即触发自动断电机制。这是一种关键的安全措施，以防止潜在的伤害或事故发生。

（2）工作人员确认安全：工作人员需要在进入危险区域之前进行确认，确保危险区域内没有人员，包括使用安全标志、警告灯或其他途径，提醒工作人员禁止进入危险区域。

（3）手动复位：一旦确认安全，工作人员可以执行手动复位的操作，重新启动机床。这个过程通常需要遵循严格的安全步骤，以确保再次启动前已经消除了潜在的危险因素。

遇到机床工作异常时采取如下措施。

（1）急停按钮：工作人员可以手动按下急停按钮，触发机床的紧急停止机制。急停按钮应该在工作区域内易于访问，以便在紧急情况下快速采取行动。

（2）总电源断掉：急停按钮的作用是立即断掉机床的总电源，确保机床停止所有运动和操作。这有助于防止潜在的危险或损害。

（3）等待工作人员处理：一旦急停按钮按下，工作人员需要等待，直到处理完异常状况，包括排除故障、修复设备或进行其他必要的安全检查。

（4）手动启动：在工作人员确认处理完异常状况后，可以执行手动启动机床的操作。在这之前，必须确保解决了引起异常的问题。

2.4.5 任务评价

任务完成后，填写任务评价表，如表2-36所示。

表2-36 任务评价表

检查内容	检查结果		满意率		
Modbus调试软件安装是否正确	是□	否□	100%□	70%□	50%□
是否熟练掌握Modbus调试工具	是□	否□	100%□	70%□	50%□
是否熟练掌握联动控制调试软件	是□	否□	100%□	70%□	50%□
联动控制模式设置是否正确	是□	否□	100%□	70%□	50%□
延时继电器时间调整是否合理	是□	否□	100%□	70%□	50%□
数显时间继电器调试是否合理	是□	否□	100%□	70%□	50%□
完成任务后使用的工具是否摆放、收纳整齐	是□	否□	100%□	70%□	50%□
完成任务后工位及周边的卫生环境是否整洁	是□	否□	100%□	70%□	50%□

2.4.6 任务反思

在设备调试任务中，通过Modbus调试工具全面测试了RS485设备，确保了通信稳定性和数据传输准确性。通过联动控制器调试软件的精心设置，有效调整了联动逻辑，特别关注了数显时间继电器和延时继电器的调试，以确保设备在不同条件下能够迅速、准确地响应，达到最高效率。

2.5 课后习题

▶▶ **选择题**

1. 智能工厂监测区中没有使用（　　）。

A. 数显温湿度传感器　　　　　　　　　B. 485型温湿度传感器

C. 二氧化碳传感器　　　　　　　　　　D. 射频链路器

2. 485设备校验位采用的是（　　）校验方法。

A. CRC8　　　　　B. CRC16　　　　　C. MD5　　　　　D. LRC

3. CRC16是（　　）校验。

A. 纠错码　　　　　B. 校验码　　　　　C. 控制码　　　　　D. 编码

4. IPv6地址长度是（　　）。

A. 32位　　　　　B. 64位　　　　　C. 128位　　　　　D. 256位

5. RS485是一种（　　）的串行通信协议。

A. 单工通信　　　　B. 半双工通信　　　　C. 全双工通信　　　　D. 无线通信

▶▶ **简答题**

1. 根据任务需求绘制生产区工作流程图并进行文字描述。

2. 绘制华龙汽车制造厂整体的接线示意图。

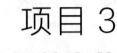

项目 3
四季丰农场智慧育苗项目数据管道构建

　　随着科技的不断发展,智能化技术在农业生产中的应用越来越广泛。智慧育苗项目作为其中的一部分,已经引起了广泛的关注。平谷乡四季丰农场位于二线城市郊区,建立多个种植大棚,种植各种季节性的水果、蔬菜、花卉等,供游客自由采摘、品尝和购买。以前采用传统的育苗方式,主要依靠人工操作,存在着效率低下、精度不高、受环境影响大等问题。同时,传统育苗方式对化肥和农药的依赖度较高,导致环境污染和生态破坏。因此,寻求一种高效、环保、精准的育苗方式成为迫切需求。随着物联网、大数据、人工智能等技术的不断发展,智能化技术在农业生产中的应用逐渐成为可能。计划对种植大棚进行改建,通过智能化技术,可以实现对种苗生长全过程的精准控制,提高育苗效率、降低成本、减少环境污染。

项目概述 ▶

　　智慧育苗是一种利用物联网、大数据、人工智能等技术,对育苗过程进行智能化管理的育苗方式。它通过集约化、精细化的管理,旨在提高苗木质量、减少资源浪费、降低育苗成本,从而推动林业产业的可持续发展。

　　智慧育苗的应用场景十分广泛,可以应用于蔬菜、水果、粮食等作物的育苗。通过智能化的管理,农业工作者可以实时了解育苗环境的温湿度、光照、土壤等情况,及时调整环境因素，保证育苗的成功率。同时，智慧育苗还可以通过数据分析，预测病虫害的发生，及时采取相应的防治措施，提高育苗的效率和质量。

智慧育苗的实现需要借助一系列智能设备和传感器，如温度传感器、湿度传感器、光照传感器等，这些设备可以实时监测环境因素的变化，并将数据传输到智能系统中。智能系统通过对数据的分析，可以自动调整环境因素，保证育苗环境的适宜性。同时，智能系统还可以通过预测模型，预测未来的环境变化和病虫害发生情况，为决策者提供科学依据。

智慧育苗的优点在于其高效、精准的管理方式，可以极大提高育苗的效率和成功率，减少资源浪费和环境污染。同时，智慧育苗还可以通过数据分析，为决策者提供科学依据，帮助决策者做出更加科学、合理的决策。未来随着技术的不断发展，智慧育苗将会在更多的领域得到应用，为人类的生产和生活带来更加广泛的影响。

适合大棚内种植的植物生长的环境参数主要包括以下几方面。

（1）光照：大棚内的植物需要充足的光照来完成光合作用。一般来说，多数蔬菜类植物的生长需要光照强度在8000～12000lux（勒克斯）以上，光照时间通常需要12～16h（小时）。不同植物对光照的需求有所不同，因此需要根据植物的种类和生长阶段来调整光照强度和时间。

（2）温度：大棚内的温度对植物的生长至关重要。一般来说，蔬菜类植物的最适生长温度为15℃～25℃。温度变化应适度，不宜剧烈，以避免对植物生长造成不利影响。

（3）湿度：湿度也是大棚内植物生长的重要环境参数。湿度过低会导致植物失水，过高则可能导致病害的发生。因此，需要保持适宜的湿度，以保证植物的正常生长。

（4）二氧化碳浓度：二氧化碳是大棚内植物进行光合作用的重要原料之一。因此，大棚内二氧化碳浓度的高低也会影响植物的生长。一般来说，大棚内的二氧化碳浓度应保持在800～1200mg（毫克）/kg（千克）之间，以保证植物能够正常地进行光合作用。

综上所述，大棚内植物生长的环境值包括光照、温度、湿度和二氧化碳浓度等参数。这些参数都需要根据植物的种类和生长阶段来进行调整，以保证植物能够正常、健康地生长。

物联网（IoT）作为新一代信息技术的重要组成部分，正在全球范围内改变着人们的生活和工作方式。物联网通过各种传感器、执行器和网络连接，实现了物理世界与数字世界的深度融合。

在物联网的体系结构中，感知识别层、网络构建层、管理服务层和综合应用层是四个关键层次，它们相互协作，共同支撑着物联网的运作。

学 习 目 标

1.知识目标

（1）认知物联网网络设备分类及各物联网网络设备的功能。

（2）学习物联网设备的传感器、执行器的选型标准。

（3）了解物联网项目具体实施过程，学习如何安装、调试、配置实现物联网项目功能。

（4）理解ZigBee网关和ZigBee节点参数配置过程，理解边缘采集设备的自组网原理。

2.技能目标

（1）通过学习物联网网络设备分类及功能，可以完成简单的网络设备配置调试。

（2）通过学习物联网设备的选型标准，能够根据项目需求完成项目的拓扑图绘制。

（3）掌握任务实施中设备的安装调试方法，学会解决实际工作中出现的问题。

（4）通过ZigBee网关和ZigBee节点参数配置过程，实现数据上传到云平台。

3.1 任务1 物联网网络设备分类

3.1.1 任务工单与任务准备

3.1.1.1 任务工单

物联网网络设备分类任务工单如表3-1所示。

表3-1 任务工单

任务名称	认知物联网网络设备	学时	2	班级	
组别		组长		小组成绩	
组员姓名			组员成绩		
实训设备	桌面式实训操作平台	实训场地		时间	
学习任务	① 常见路由器、交换机和服务器的基本分类，以及它们在物联网网络中的角色和功能。 ② 路由器的配置方法，包括IP地址、子网掩码、网关等基本参数的设置。 ③ 交换机的配置方法，包基本功能的配置。 ④ 云平台的分类及其功能，并熟悉不同云平台的适用场景和优势				
任务目的	了解物联网中常见的网络设备及其分类和使用方式				
任务实施要求	① 了解物联网常见的网络设备。 ② 了解路由器、交换机、服务器的分类。 ③ 熟悉常见路由器、交换机的配置方法。 ④ 掌握云平台的功能以及分类				
实施人员	以小组为单位，成员2人				
结果评估 （自评）	完成□ 基本完成□ 未完成□ 未开工□				
情况说明					
客户评估	很满意□ 满意□ 不满意□ 很不满意□				
客户签字					
公司评估	优秀□ 良好□ 合格□ 不合格□				

3.1.1.2 任务准备

1.物联网中常见的网络设备

物联网架构中，网络设备起着至关重要的作用。这些设备通过各种通信协议和连接方式，实现人与物、物与物之间的信息交互。以下是一些常见的物联网网络设备。

1）无线传感器

无线传感器具备强大的数据采集能力。可以精准地监测温度、湿度、压力及光照等各种环境参数，并通过无线网络将这些数据实时传输至中心服务器。由于其灵活的部署特性，无线传感器广泛应用于各类场景，极大地推动了远程监控与管理的便捷性。

2）路由器

路由器承担着连接不同网络的重任，确保数据在不同网络间顺畅传输。在数据传输过程中，路由器能够根据网络状况和数据类型进行智能选择最优路径，有效避免数据传输过程中的拥堵和延迟。同时，路由器还具备强大的数据转发功能，能够快速、准确地将数据传输至目标服务器，保障了数据的安全性和完整性。正是因为路由器的这些核心功能和特性，使其成为物联网体系中不可或缺的关键部分，为各种智能设备和应用的顺利运行提供坚实的保障。

3）交换机

交换机的主要功能是连接多个网络段，实现高效的数据交换和传输。在物联网环境中，交换机的作用更为突出。它能够将各子网有效地接入主网络，确保数据的流畅传输和共享。这一功能对于提升整体网络的运行效率具有重要意义，使得各子网能够更好地融入主网络，形成一个有机整体。通过交换机的协作，网络数据的处理和传输能力得到了极大的提升，从而更好地支撑物联网环境的稳定运行和发展。

4）物联网网关

网关是重要的网络设备，其在局域网络智能化进程中发挥着关键作用。该设备具备虚拟网络接入、WiFi接入以及有线宽带接入等功能。通过智能网关，我们可以实现对局域网内各类传感器、网络设备、摄像头以及主机等设备的信息采集、信息输入、信息输出、集中控制、远程控制以及联动控制等功能。

5）服务器

服务器主要用于管理和传输数据。根据用途和规模，服务器分为多种类型，包括文件服务器、数据库服务器、Web服务器等。文件服务器存储和管理文件，提供共享和备份。数据库服务器存储大量数据，支持查询、更新和备份。Web服务器提供互联网服务，支持网页浏览、下载和交互。还有邮件、代理、VPN等多种类型的服务器。服务器是多用户同时操作和访问的关键，性能和应用在不断进步和完善。

2. 常见路由器分类

路由器的分类方式有多种，以下是常见的几种分类方式。

1）按性能划分

根据性能的不同，路由器可分为高端路由器、中端路由器和低端路由器三类。高端路由器方面，由于其具备极高的处理性能和端口密度，以及丰富的端口类型，因此主要适用于作为大型网络的核心路由器。能有效应对复杂的网络环境。低端路由器，由于其端口数量、类型和处理能力都相对有限，因此主要适用于小型网络的Internet接入或企业网络的远程接入。

2）按照结构划分

路由器可以分为模块化结构路由器和非模块化结构路由器。模块化结构路由器是一种可以根据用户实际需求来配置接口类型及部分扩展功能的路由器。在出厂时，仅提供最基本的路由功能。用户可以根据所要连接的网络类型选择相应的模块，不同模块可以提供不同的连接和管理功能。相比之下，非模块化结构路由器多为低端路由器，提供的端口类型和数量都较为固定。

3）按照网络位置划分

可以将路由器划分为核心路由器、分发路由器和接入路由器。其中，核心路由器又被称为"骨干路由器"，它是位于网络中心的重要设备，起着连接不同网络层并传输数据的重要作用。同时，某一层的核心路由器也可以被视为另一层的边缘路由器，在网络结构中起到承上启下的关键作用。

4）按照功能划分

路由器可以分为通用路由器和专用路由器。通用路由器就是我们通常所说的路由器。

5）按照传输性能划分

路由器可分为线速路由器和非线速路由器。线速路由器是指其端口数据量和交换速率能够达到线路数据的传送速率，而非线速路由器则无法达到这一要求。

6）按照网络类型划分

根据网络类型的不同，路由器可以分为有线路由器和无线路由器。有线路由器通过网线与网络进行连接，无线路由器则配备无线发射装置，能够通过无线网络与网络进行连接。

3. 常见交换机分类

交换机是一种关键的网络设备，主要用于连接计算机和其他设备，并在它们之间传输数据包。交换机有多种分类方式，以下是其中一些常见的分类方式。

1）按照局域网的标准要求划分

（1）以太网交换机：此类交换机适用于以太网标准，其数据传输速率可达10Mbps。

（2）快速以太网交换机：该类型的交换机适用于快速以太网标准，能够实现100Mbps的数据传输速率。

（3）千兆以太网交换机：满足千兆以太网标准的交换机，支持的数据传输速率为1Gbps。

（4）万兆以太网交换机：适用于万兆以太网标准的交换机，支持最高达10Gbps的数据传输速率。

2）根据架构类型划分

交换机可分为总线架构交换机和交换架构交换机。在总线架构交换机中，采用总线型拓扑结构，所有端口共享同一条总线，因此容易受到冲突的影响。相对而言，交换架构交换机采用交换芯片，每个端口都能获得独立的带宽，从而实现高速数据传输，并且不易受到冲突的影响。

3）按照工作OSI模型层级划分

根据OSI模型层级，交换机可以分为二层交换机和三层交换机。二层交换机处理数据链路层事务，通过MAC地址来转发表数据包。相反，三层交换机专注于网络层，通过IP地址转发数据包，并具备更强大的路由功能。

4）按工作环境划分

根据工作环境的不同，交换机可以分为工业交换机和商业交换机。工业交换机通常具备较高的防护等级和稳定性，适用于各种工业环境。相对而言，商业交换机则更适用于一般商业环境。

5）根据结构划分

交换机可以分为模块化交换机和非模块化交换机。模块化交换机具备出色的可扩展性，能够根据实际需求灵活添加各类模块，从而满足多样化的功能需求。非模块化交换机功能则相对固定，适用于一般应用场景。

6）按照组网方案划分

（1）汇聚交换机：这种交换机主要负责连接接入层交换机和核心层设备。在组网结构中，汇聚交换机发挥着关键作用，它需要具备较高的数据处理能力和多接口能力，以便有效地传递和处理来自不同设备的数据。

（2）接入交换机：这种交换机主要是用来连接用户计算机和其他设备。它的主要功能是提供高速数据传输和接入控制。在用户与网络之间的交互过程中，接入交换机起到了桥梁的作用，确保用户能够快速、稳定地访问网络资源。

（3）核心交换机：核心交换机主要用于连接其他核心层设备和外部网络。由于它需要处理大量的数据流量，因此需要具备较高的带宽和数据处理能力。核心交换机位于网络的中心位置，承担着数据传输和转发的关键任务。

4. 网关的分类

网关亦被称为网间衔接器或协议换能器，是负责连接不同网络段（局域网、广域网）的核心设施。由于处在不同网络段中的主机无法直接实现通信，所以需要依赖网关完成相互访问。基于不同的功能划分，网关主要可以分为以下几种类型。

1）工业网关

工业网关具备强大的硬件和软件配置，能够在恶劣的工业环境中稳定运行。其出色的性能和可扩展性确保了高效的数据管理，并且与Modbus等工业协议完全兼容。工业网关的主要功能是将工业物联网设备与中央系统进行连接，以实现统一的数据管理。

2）无线网关

无线网关是一种专为连接无线物联网设备而设计的网关，它支持WiFi、蓝牙、

ZigBee或蜂窝网络等技术。这些网关的主要功能是提供必要的连接和协议转换，以确保无线设备与中央系统之间的顺畅通信。通过这种方式，无线网关成功地弥补了无线设备与中央系统之间的通信差距。

3）通用数据网关

通用数据网关的核心功能是数据传输，仅对传输的数据进行基本的处理，如验证有效性、存储、重新组织等。其典型的应用场景是在控制系统中的操作员界面系统。该系统通过工业以太网、现场总线或其他方式与控制系统进行互联，将采集的数据通过以太网（通常基于TCP/IP协议）发送至操作员界面，以在控制画面上显示相应的状态。同时，它将操作员界面发出的操作指令发送给现场的PLC等控制器，实现了现场设备通信系统与人工操作通信系统的数据连接。

4）智能网关

智能网关是一种具备多种功能的集成化网关，不仅具备普通网关的协议转换和数据处理功能，还兼具边缘计算、数据存储及安全保护等特性。其主要特点在于能在数据传输至中心服务器前，实现对数据的预先处理与筛选，从而降低数据传输与处理的工作量，提升整个系统的运行效率及稳定性。这一功能对于提高系统效率和稳定性具有重要意义。

5. 服务器的分类

服务器是用于提供计算服务的核心设备。由于服务器需要处理服务请求并确保服务的稳定运行，因此它必须具备高效的服务承担和保障能力。以下是关于服务器特点的简要介绍。

（1）按照体系架构来区分，服务器主要分为非x86服务器和x86服务器两类。

（2）按照应用层次来划分，服务器可以分为入门级服务器、工作组级服务器、部门级服务器以及企业级服务器。

3.1.2　任务目标

（1）了解路由器、交换机和服务器在物联网网络中的分类、角色及功能。

（2）熟悉路由器配置中的多个基本参数，如IP地址、子网掩码和网关等。

（3）熟悉交换机配置，包括基本功能的设定。

（4）熟悉云平台的分类及功能概览。

3.1.3　任务规划

根据所学相关安装与调试的知识，制订完成本次任务的实施计划。计划的具体内容可以包括任务前准备、分工等，任务中的具体实施步骤，以及任务完成后的总结等内容。任务规划表如表3-2所示。

表3-2　任务规划表

项目名称	网络设备分类	
任务计划	了解并熟悉常见的物联网网络设备并能阐述其分类以及功能，包括路由器、交换机、服务器、云平台等	
达成目标	掌握常见的物联网网络设备并能阐述其分类以及功能	
序号	任务内容	所需时间/分钟
1	了解物联网常见网络设备分类	10
2	了解路由器的分类及功能	10
3	了解交换机的分类及功能	10
4	了解服务器的分类及功能	15
5	能够熟悉常见的路由器的配置	20
6	能够熟悉常见的交换机的配置	15
7	能够熟悉物联网云平台以及分类功能	10

3.1.4　任务实施

1．常见家用路由器的安装与配置步骤

1）确认网络拓扑结构

在安装路由器之前，需要先了解网络拓扑结构，包括网络中有哪些设备、每个设备的IP地址、网关地址等。这些信息对于后续路由器的设置非常重要。

2）连接路由器

将路由器的WAN口（广域网口）连接到互联网，一般是连接到网络运营商提供的调制解调器或光猫上。将路由器的LAN口（局域网口）连接到本地网络中的交换机或集线器上。

3）给路由器供电

将路由器插入电源插座，并确认电源指示灯是否亮起。

4）登录路由器

打开浏览器，并在地址栏中准确输入路由器的管理IP地址，通常为192.168.1.1或192.168.0.1，随后按Enter键。随后需要输入预设的管理员用户名和密码（一般默认为admin/admin），确保能够成功登录到路由器的管理界面。

5）设置路由器

在进行网络拓扑结构配置时，需要设定路由器的网络参数，包括广域网（WAN）接口和局域网（LAN）接口的配置。对于WAN口，需要设置的参数包括IP地址、子网掩码、网关以及DNS服务器地址，这些参数通常由网络运营商提供。LAN口的配置则需设定IP地址、子网掩码及DHCP服务等参数。这些步骤要求操作人员具备严谨、稳重的态度和理性、官方的表达方式，以确保网络配置的准确性和可靠性。

6）配置路由器

依据网络架构，需要对路由器的网络参数进行设置，包括广域网（WAN）接口和局域网（LAN）接口的设置。在设置WAN接口的参数时，需要填写IP地址、子网掩码、网关和DNS服务器地址，这些信息通常由网络服务提供商提供。在设置LAN接口参数时，需要设定IP地址、子网掩码以及DHCP服务等。

2. 交换机配置方法

1）硬件连接

在硬件连接方面，我们首先需要将交换机安放在适当的位置并确保其稳固。随后，使用适当的电缆将计算机与交换机的控制台端口进行连接，并确保所有电缆连接牢固，不能有任何松动。此外，为了保障交换机的正常运行，我们必须为其提供稳定的电源。

2）软件安装与TFTP服务器

在配置交换机之前，我们需要在计算机上安装交换机的操作系统，并确保已正确设置TFTP服务器。安装完毕后，我们需要为交换机配置一个有效的IP地址，以便通过网络进行访问。随后，我们需要在计算机上启动TFTP服务器，以便通过网络向交换机传输所需的配置文件。通过这些步骤，我们可以确保交换机的正确配置和正常运行。

3）Telnet配置环境搭建步骤

（1）确保交换机已启用Telnet服务。

（2）在计算机上配置Telnet客户端，为远程访问交换机做好准备。

（3）在设置Telnet客户端时，需提供交换机的IP地址、用户名及密码等必要信息。

（4）命令行配置与运行状态查看：在成功通过Telnet客户端登录交换机后，便可以开始进行配置工作。交换机的配置需通过命令行接口完成，这些命令囊括交换机配置所需的各项参数和选项。为了确保配置的有效性，我们应当执行相应的命令来检查交换机的当前运行状态，查看网络拓扑结构，并针对VLAN进行设置。完成配置后，务必保存更改并退出命令行接口，以确保配置的持久性。

知识链接

物联网云平台在物联网整体解决方案中发挥着核心作用，它通过对下游应用的数据赋能，使得企业、开发商和用户能够更便捷地实现物联网的应用。随着物联网云平台的发展，物联网云平台的功能越来越丰富，其中物联网云平台的常见功能有以下几方面。

（1）设备连接与数据收集：在设备连接与数据收集阶段，主要任务是建立设备连接并收集相关感知数据。这一阶段涉及设备管理和数据管理两大方面。设备管理平台基于基础设施即服务（IaaS）模式，为客户提供终端、网关和云端相关的软件编程接口，以便客户能够根据自身需求进行二次开发，构建自己的物联网平台系统。同时，数据管理平台负责从各类业务系统中提取、整合和分析数据，以便进行后续的数据分析和应用。

（2）数据处理与分析：在数据处理与分析阶段，我们将利用标准化的接口和通用的工具模块，为物联网开发者提供一系列的开发工具、中间件、API接口以及交互界面。这些工具将有助于实现应用的快速开发、部署和管理，大幅提高开发效率。此外，我们还通过数据管理平台对收集的数据进行深度处理、精准分析，并实现可视化。这些分析结果将为决策者提供有力支持，助其做出理性且高效的决策。

（3）场景应用与生态构建：在物联网领域，随着设备连接数量的增长、数据资源的不断积累、分析能力的持续提升，以及场景应用的日益丰富和深入，物联网云平台发挥着至关重要的作用。它能够有效地协调和整合海量设备与信息，构建一个高效且可持续拓展的生态系统。这一生态系统的构建，是物联网产业价值的重要体现，有助于推动整个产业的可持续发展。

3.1.5　任务评价

完成任务后，填写任务评价表，如表3-3所示。

表3-3　任务评价表

检查内容	检查结果	满意率		
是否了解物联网常见网络设备	是□　否□	100%□	70%□	50%□
是否了解路由器的分类及功能	是□　否□	100%□	70%□	50%□
是否了解交换机的分类及功能	是□　否□	100%□	70%□	50%□
是否了解服务器的分类及功能	是□　否□	100%□	70%□	50%□
是否熟悉常见路由器的配置	是□　否□	100%□	70%□	50%□
是否熟悉常见的交换机的配置	是□　否□	100%□	70%□	50%□
是否熟悉物联网云平台以及分类功能	是□　否□	100%□	70%□	50%□
完成任务后使用的工具是否摆放、收纳整齐	是□　否□	100%□	70%□	50%□
完成任务后工位及周边的卫生环境是否整洁	是□　否□	100%□	70%□	50%□

3.1.6　任务反思

除了以上介绍的物联网常见的网络设备，还有其他的网络设备吗？它们的主要功能是什么？

3.2 任务2 智慧育苗项目设备选型

3.2.1 任务工单与任务准备

3.2.1.1 任务工单

智慧育苗项目设备选型任务工单如表3-4所示。

表3-4 任务工单

任务名称	智慧育苗项目设备选型	学时	2	班级	
组别		组长		小组成绩	
组员姓名			组员成绩		
实训设备	桌面式实训操作平台	实训场地		时间	
课程任务	智慧育苗项目设备选型				
任务目的	完成智慧育苗系统的传感器、执行器设备选型，并绘制出拓扑图				
任务实施要求	根据学习的传感器选型标准、网络设备选型标准以及智慧育苗所要达成的系统需求完成智慧育苗系统的传感器选型、执行器选型，并绘制智慧育苗系统拓扑图				
实施人员	以小组为单位，成员2人				
结果评估（自评）	完成□ 基本完成□ 未完成□ 未开工□				
情况说明					
客户评估	很满意□ 满意□ 不满意□ 很不满意□				
客户签字					
公司评估	优秀□ 良好□ 合格□ 不合格□				

3.2.1.2 任务准备

1. 传感器选择

选择传感器时需要综合考虑多个因素，以确保其在特定应用中能够有效地工作。以下是一些选择传感器时的考虑因素。

1）应用场景和需求

考虑传感器将在何种环境中运作，例如室内、室外、高温、低温等。明确需要测量的物理量，如温度、湿度、压力、光强、运动等。

2）精度和分辨率

精度是指传感器输出的测量结果与实际值的接近程度。选择适当精度以满足应用的要求。分辨率是指传感器能够分辨和表示的最小变化量。高分辨率可能在一些应用中至关重要。

3）灵敏度和动态范围

灵敏度是指传感器对输入变化的敏感度，即单位变化引起的传感器输出变化。动态范围是指传感器能够测量的最小和最大值之间的范围。

4）响应时间

一些应用需要传感器能够在短时间内快速响应，例如在运动检测中。在某些情况下，传感器的平滑响应可能更为重要。

5）耐用性和可靠性

耐用性是指传感器是否能够在恶劣环境条件下工作，如高湿度、腐蚀性气体等。可靠性是指传感器在长期使用中的稳定性和可靠性。

6）成本和功耗

成本是指传感器的采购、集成和维护成本。物联网设备通常有限的电源，因此选择功耗较低的传感器有助于延长设备寿命。

7）集成和互操作性

集成和互操作性是指确保选定的传感器与设备和系统使用的通信协议兼容。不同供应商的传感器是否能够有效地集成在同一系统中。

8）安全性

安全性是指传感器是否提供数据加密和安全传输功能。考虑传感器的物理安全性，以防止潜在的破坏或篡改。

9）可维护性

可维护性是指传感器是否易于安装、配置和维护。传感器是否能够自诊断并报告问题。

2．网络设备的选择

选择适当的网络设备对于构建稳健的物联网系统至关重要。以下是选择网络设备的一般步骤。

1）明确项目需求

定义物联网项目的具体需求，包括设备数量、数据流量、通信范围等。考虑未来的扩展性和项目的长期规划。

2）分析网络拓扑

确定物联网系统的网络拓扑结构，包括设备之间的连接方式和布局。考虑是否需要边缘计算、集中式还是分布式网络架构。

3）了解通信需求

确定设备之间的通信需求，包括实时性、可靠性、安全性等方面。考虑设备之间是点对点通信还是需要通过中心服务器进行通信。

4）考虑网络协议和标准

了解物联网领域常用的网络协议，例如MQTT、CoAP、HTTP等。确保所选设备支持用户选择的通信协议和标准，以确保互操作性。

5）性能和带宽需求

分析设备之间的数据传输量，确定所需的带宽和性能。考虑网络设备的处理能力、数据传输速率以及是否支持负载均衡。

6）安全性考虑

确保网络设备提供必要的安全功能，如防火墙、VPN支持、加密通信等。评估设备的安全性能，以防范潜在的网络攻击和数据泄露。

7）适应不同的连接技术

考虑物联网设备可能使用的不同连接技术，例如有线（Ethernet）、WiFi、蓝牙、LoRaWAN、NB-IoT等。确保网络设备支持所选的连接技术，并根据应用场景选择合适的连接方式。

8）供应商评估

调查不同供应商提供的网络设备。评估供应商的声誉、支持服务、产品更新频率等因素。

9）成本分析

分析不同网络设备的成本，包括购买、部署和维护费用。考虑设备的寿命和后续升级的成本。

10）实地测试和评估

如果可能，进行实地测试，以评估设备在实际环境中的性能。收集用户反馈和实际使用情况，进行设备选择的最终评估。

3. 网络连接选择

选择适当的网络连接是确保物联网系统高效运行的关键一步。以下是网络连接选择的一些步骤。

1）明确需求

确定设备之间的距离，以确定是选择短距离的无线连接还是长距离的有线连接。分析数据传输速率的需求，确定网络连接是否需要支持高速数据传输。考虑设备的电源和电池寿命，选择适当的连接技术以满足功耗需求。

2）了解连接技术

了解有线连接（如Ethernet）的优势，适用于需要高带宽和可靠性的场景。研究WiFi、蓝牙、ZigBee等无线连接技术，了解它们的工作原理、传输范围和功耗。了解LoRaWAN、NB-IoT等低功耗广域网技术，适用于低功耗、长距离通信的场景。

3）分析移动性和环境因素

如果设备需要在移动中通信，选择适应设备移动性的连接技术。考虑设备部署的环境条件，例如是否有干扰源、有无障碍物等。

4）选择合适的网络拓扑

点对点通信/中心化通信：根据物联网系统的结构，选择适合的网络拓扑结构，是点对点通信还是需要中心服务器进行通信。

5）安全性和隐私

考虑网络连接的数据安全性，选择支持加密和安全通信的技术。确保所选连接技术能够有效保护用户数据的隐私。

6）成本分析和供应商评估

分析不同连接技术的成本，包括设备的购买、部署和维护费用。评估连接技术的供应商，包括其声誉、支持服务、产品更新频率等。

7）实地测试和评估

如果可能，进行实地测试，以评估连接技术在实际环境中的性能。收集用户反馈和实际使用情况，了解连接技术的实际效果。

知识链接

不同通信方式的分类和比较如表 3-5 所示。

表3-5　不同通信方式的分类和比较

移动互联	NB-IOT/5G	3G/4G	GPRS
传统互联	WiFi	RJ45以太网	光纤以太网
串行通信	RS232	RS485/RS422	USB
近距离无线	无线RFID	ZigBee	蓝牙

（1）WiFi。

WiFi 因其高数据速率和低延迟而成为家庭、办公室和商业建筑智能自动化的理想物联网连接选择。其允许对智能设备进行实时控制和监控。在大多数情况下，家庭都已经配备了必要的 WiFi 基础设施，从而更容易部署智能家居网络。

WiFi 的主要缺点是功耗较高，会影响电池供电设备的使用寿命。由于许多其协议和设备在类似的 2.4GHz 频段上工作，因此其可能会面临干扰。拥挤的 WiFi 环境也可能影响通信和信号可靠性。

（2）以太网。

以太网因其可靠性、高数据速率和稳定性而广泛应用于工业自动化和监控领域。其提供了可以处理大量数据和实时通信的有线连接，使其成为关键工业流程和控制系统的理想选择。

以太网供电（PoE）解决方案是为工业应用中的物联网设备供电的一种便捷高效的选择。其不仅通过以太网电缆连接，还通过同一根电缆接收电力，从而简化安装，并减少对额外电源的需求。

以太网的主要缺点是对物理电缆的依赖，这可能会限制在某些工业环境中部署传感器和设备的灵活性。电缆安装和维护也会增加总体部署成本。

（3）LoRaWAN。

LoRaWAN 非常适合智能农业应用，特别是在农村和偏远地区，远程通信和低功耗运行是必不可少的。其使农民能够有效地监控田地和牲畜，即使在基础设施有限的地方也是如此。

LoRaWAN 是一种低成本解决方案，单个 LoRaWAN 网关可连接多达 1000 个传感器，且无需多个网关即可提供大面积的广泛覆盖。这种可扩展性使其成为农业物联网部署的高效且经济的选择。

LoRaWAN 的主要缺点是数据速率有限，这使得其不太适合需要高带宽数据传输的应用。

（4）蓝牙。

蓝牙是最适合医疗保健物联网应用的物联网连接选项，尤其是可穿戴设备和医疗传感器。其低功耗、短距离连接以及与设备快速配对的能力，使其成为连续患者监控和无缝数据传输的理想选择。

对于需要在更大区域进行通信的医疗保健物联网部署而言，蓝牙的有限范围是一个缺点。此外，来自其蓝牙设备的干扰可能会影响高密度环境中的性能。

（5）蜂窝连接。

蜂窝连接，特别是 4G 和 5G，由于其广域覆盖、高数据速率和可靠性，非常适合智慧城市部署的物联网连接。其可以支持许多智慧城市应用，包括交通管理、公共安全、废物管理和环境监测。

蜂窝物联网连接的主要缺点是功耗较高，使其不太适合电池供电的智慧城市设备。其还可能需要订阅数据计划。

（6）ZigBee。

由于功耗低，ZigBee 是智能能源管理应用的绝佳物联网连接选择。其适用于电池供电的设备，如智能电表和能源监控传感器。其允许本地网络内的各种智能能源设备之间进行可靠且高效的通信。ZigBee 的网状网络拓扑使设备能够通过相邻节点中继数据，即使在充满挑战的环境中也能创建强大而富有弹性的网络。

ZigBee 的网状网络会增加网络部署和管理的复杂性，需要仔细规划以避免拥塞和数据瓶颈。

4.网络协议选择

选择适当的网络协议对于物联网系统的通信是至关重要的。以下是一些建议的网络协议选择指南。

1）分析通信需求

确定通信是否是实时的、同步的，还是更适合异步通信。考虑是否需要支持发布/订阅模型、请求/响应模型或两者的组合。确定数据传输的可靠性需求，即数据是否需要可靠地到达目的地。评估协议在不同网络条件下的可靠性。

2）考虑设备特性

考虑设备的计算能力、存储能力和能耗，选择协议以适应设备的资源限制。

3）数据量和带宽

分析设备之间需要传输的数据量，确定是否需要高带宽协议。考虑协议的开销对带宽的影响。

4）网络拓扑和架构

根据系统的网络拓扑结构，选择适合的协议。例如，选择点对点通信还是适合星形拓扑的协议。考虑设备之间的通信模式，是点对点、多对多还是一对多。确保协议能够有效地支持所需的通信模式。

5）协议性能和特性比较

对比不同协议的性能，包括延迟、吞吐量、连接建立时间等。考虑协议在不同网络条件下的表现。评估协议的复杂性，包括实现的难易程度、配置和维护的复杂性。考虑项目团队的技能水平。分析协议在数据传输中的额外开销，包括头部大小、协议本身的开销等。考虑协议在低带宽、高延迟环境下的适应能力。

6）安全性和隐私

考虑协议是否提供数据加密和身份验证机制。确保协议对安全漏洞的防范。评估协议对用户数据隐私的保护程度。确认协议是否提供用户控制数据分享的机制。

7）实际案例分析

学习和了解物联网项目中成功选择协议的案例，尤其是在相似应用场景中的案例。了解和分析一些选择不当导致失败的案例，从中吸取教训。

8）未来发展趋势

关注物联网协议标准化的趋势，选择符合未来发展方向的协议。考虑新兴协议的出现，评估其在未来的发展潜力和适用性。

5. 网络机柜选择

选择适当的网络机柜是确保网络设备和服务器安全、有序布局的重要步骤。以下是一些建议的网络机柜选型指南。

1）设备数量和尺寸

确定需要放置在网络机柜中的设备数量和尺寸。考虑未来扩展的可能性。了解网络机柜放置的物理环境，包括可用空间、通风要求等。确保所选机柜能够适应环境的限制。

2）机柜类型和尺寸

选择适合应用场景的机柜类型，如壁挂式、开放式、封闭式、服务器机柜等。根据需求选择标准机柜、网络机柜或服务器机柜。确定所需的机柜高度、宽度和深度。考虑设备的高度、散热需求以及布局要求。

3）安全性和物理防护

确保网络机柜提供足够的安全措施，如锁定机制和物理防护。考虑机柜的结构和材料是否能够防护设备免受非法访问和物理损害。确认机柜具有良好的通风系统，以确保设备在运行时能够有效散热。考虑机柜的通风孔设计和散热风扇的配置。

4）可维护性和管理

确保机柜设计能够方便维护和更换设备。考虑机柜内线缆的布局和标识，以便快速定位和解决问题。考虑机柜是否提供有效的电缆管理系统，以保持整洁的线缆布局。了解机柜是否支持附加的管理配件，如电源分配单元（PDU）、机柜监控等。

5）电源和电力管理

确定网络设备和服务器的电源需求，选择合适的机柜电源配置。考虑机柜是否支持冗余电源和智能电源管理。了解机柜是否提供有效的电力分配系统，以确保设备得到合理的供电。考虑使用PDU进行电力管理和监控。

6）成本分析和供应商评估

分析不同网络机柜的成本，包括购买、运输和安装费用。考虑机柜的寿命和未来升级的成本。评估网络机柜供应商的声誉、售后服务和产品质量。查看供应商的客户反馈和案例研究。

7）实地测试和评估

如果可能，进行实地测试，评估机柜在实际使用中的性能和可维护性。确保机柜满足实际需求并符合预期标准。

知识链接

MQTT（Message Queuing Telemetry Transport）是一种轻量级的、开放的消息协议，设计用于在不同设备之间进行可靠的、实时的通信。以下是 MQTT 协议的基本工作原理。

1. MQTT协议的基本组成

1）客户端（Client）

客户端是使用 MQTT 协议的设备，可以是传感器、嵌入式设备等。

客户端可以是发布者（Publisher）或订阅者（Subscriber），也可以同时拥有这两个角色。

2）代理服务器（Broker）

代理服务器是 MQTT 网络中的中介，负责接收、路由和传递消息。

所有的客户端都连接到代理服务器，而不是直接与其客户端通信。

2. MQTT的工作流程

1）连接建立

客户端通过 TCP 连接到 MQTT 代理服务器。

连接过程包括客户端发送连接请求和代理服务器响应确认连接。

2）订阅和发布

客户端可以订阅（Subscribe）特定的主题（Topic），也可以发布（Publish）消息到特定的主题。

主题是消息的标识符，客户端通过订阅主题来接收与该主题相关的消息。

3）消息传递

当一个客户端发布消息到一个主题时，代理服务器负责将消息传递给所有订阅了该主题的客户端。

消息是异步传递的，即使客户端不在线，代理服务器也会在其上线时将消息推送给它。

4）质量服务等级

MQTT 支持不同级别的消息传递质量。质量服务等级（QoS）分为 0、1、2 三个级别，影响消息传递的可靠性和顺序。

（1）QoS 0：消息可能会丢失，不保证传递。

（2）QoS 1：确保消息至少被传递一次。

（3）QoS 2：确保消息只被传递一次，且确保消息的顺序。

5）保持活动状态

为了保持连接的活动状态，客户端和代理服务器之间会周期性地进行心跳检测。

如果代理服务器在一定时间内没有收到客户端的消息，它将断开连接。

6）断开连接

客户端或代理服务器都可以发起断开连接的请求。

断开连接后，客户端需要重新建立连接才能继续进行消息的发布和订阅。

3. MQTT的优势

（1）轻量级和开放标准：MQTT 是一种轻量级协议，适用于各种设备和网络环境。它是一个开放标准，有多种开源实现和库可用。

（2）灵活的主题结构：主题结构允许在设备之间进行灵活的消息传递，使得设备可以根据需要选择性地订阅感兴趣的主题。

（3）异步通信：MQTT使用异步通信模式，允许设备在不同时间和速率下发布和订阅消息。

（4）可靠性：MQTT支持不同级别的消息传递质量，允许在可靠性和性能之间进行权衡。

MQTT协议的这些特性使其成为物联网领域中常用的通信协议之一，特别适用于传感器、嵌入式设备和资源受限的环境。

3.2.2　任务目标

（1）了解物联网设备的传感器、网络设备的选型。

（2）完成智慧育苗系统的传感器、执行器、采集模块的设备选型。

（3）绘制出智慧育苗系统的拓扑图。

3.2.3　任务规划

根据所学相关安装与调试的知识，制订完成本次任务的实施计划。计划的具体内容包括任务前准备、分工等，任务中的具体实施步骤，以及任务完成后的总结等内容。任务规划表如表3-6所示。

表3-6　任务规划表

项目名称	网络设备分类	
任务计划	了解物联网设备选型规范，并根据选择的物联网设备绘制智慧育苗系统的拓扑图	
达成目标	绘制智慧育苗系统拓扑图	
序号	任务内容	所需时间/分钟
1	了解物联网中传感器的选型	10
2	了解物联网中网络设备的选型	10
3	完成智慧育苗系统中传感器的选型	15
4	完成智慧育苗系统中执行器的选型	15
5	完成智慧育苗系统中采集模块的选型	15
6	绘制智慧育苗系统的拓扑图	25

3.2.4　任务实施

3.2.4.1　农场园区设备选型

四季丰农场园区环境需要检测天气信息。园区围栏需要安装防入侵监控，大门实现自动开关门。

1. 传感器选择

1）采集环境的温湿度、风向和风速信息

四季丰农场在园区环境监测方面采用先进的技术手段，包括温湿度传感器、风向传感器、风速传感器等设备，通过稳定的数据采集系统实时收集各区域的环境数据，并利用远程监控平台进行远程实时监测。这些设备和系统不仅能够提供全面准确的天气信息，还为农场管理人员提供数据分析和决策支持的工具，有助于制定科学合理的农业生产策略，提高农业生产效益。

2）使用激光对射对农场园区进行监控

四季丰农场引入激光对射技术，通过建立边界监控系统，实现对农场园区边界的入侵检测与实时报警，同时应用禽畜养殖区域监测以及夜间安防监控等领域，有效提高农场生产管理的智能化水平，为农业生产提供全方位的实时监测与科学决策支持。

2. 通信方式选择

考虑农场较大面积的情况下，选择采用RS485通信协议实现传感器和链路器之间的通信。

RS485通信协议能够支持长达1200m的通信距离，非常适合农场较大面积的布局需求。RS485在电磁干扰和噪声环境下表现出色，这非常符合农场复杂电磁环境的特点。RS485支持多点通信，多个传感器可以连接到同一条通信线上，这有助于降低布线成本。RS485的半双工通信特性使得设备可以在一定程度上同时发送和接收数据，提高了通信的效率。作为一种成熟的通信技术，RS485拥有广泛的应用经验和大量设备的支持，为项目的可靠性提供保证。

3. 执行器选择

（1）农场大门自动开关，使用电动推杆模拟大门的开关；按下开门按钮，进行控制。

（2）当有人翻越围墙时触发报警，警示灯闪烁。

（3）使用多模链路器实现数据上传。

3.2.4.2　育苗大棚设备选型

为提高农作物生产品质，育苗大棚需要监测室内的温湿度，以及空气中二氧化碳含量，每天晚上10点到第二天早上4点定时补光。需要监测天空下雨情况。大棚自动灌溉系统建有一个水箱，当缺水时自动加满。为避免环境干扰、减少虫害，大棚门采用自动关闭设计。安装火焰报警监测装置。

1. 传感器选择

（1）二氧化碳传感器、水浸传感器。

（2）大棚内部布线施工不方便，温湿度和火焰信息采集点选用ZigBee节点来采集。

（3）大棚水箱采用限位开关，控制进水阀门的打开关闭。

2. 通信方式选择

在大棚内部不易走线的情况下，选择采用ZigBee通信方式进行数据传输是一种有效的解决方案。在这一系统中，ZigBee网关连接到射频链路器上，实现数据的采集、传输和远程监控。育苗大棚内因不易布设有线网络，因此选择无线通信技术ZigBee进行数据传输。各类传感器和执行器通过ZigBee节点与ZigBee网关建立连接，实现数据的无线采集。这个ZigBee网关充当着数据汇总与传输的枢纽，通过ZigBee协议将环境数据传送至远程服务器。农户或相关人员能够通过远程服务器实时监测大棚内温湿度等数据，同时通过有线射频链路器，实现对大棚内执行器的远程控制，如风扇的开关状态。这一基于ZigBee通信方式的智能系统为大棚提供了高效的数据传输与远程管理解决方案，克服了走线困难的问题，为农作物提供了智能、便捷的生长环境监控。

3. 执行器选择

（1）育苗大棚门平时自动关闭，按下开门按钮，大门电磁锁打开，10s后自动关闭。

（2）根据温湿度数据达到一定阈值，开启风扇排风。

（3）联动控制器设为本机自锁模式，根据输入控制输出。

（4）使用数显继电器控制照明灯进行夜间补光。

4. 网关选择

（1）使用射频链路器实现数据上传。

（2）使用ZigBee网关连接射频链路器进行数据上报。

在育苗大棚中，采用ZigBee技术实现智能化的数据传输与控制系统。各类传感器和执行器通过射频链路器与ZigBee网关相连接，通过ZigBee协议将环境数据传输至远程服务器。这个ZigBee网关负责接收、整合数据，并通过射频链路器将其上传至云端。农户或相关人员可以通过远程服务器随时监测大棚内的温湿度等数据，并发送指令至ZigBee网关，通过射频链路器实现对大棚内执行器的远程控制，如风扇的开关状态。这一智能系统提供了高效的数据上报和远程监控，为农作物的健康生长提供便利与精准的环境管理。

知识链接

ZigBee 是一种低功耗、短距离、低数据速率的无线通信协议，主要用于物联网（IoT）设备之间的通信。以下是 ZigBee 通信的基本原理。

1. 物理层（Physical Layer）

频率和调制：ZigBee 在 2.4GHz 频段使用频率调谐扩频技术进行通信。这个频段是可用的 ISM（工业、科学和医疗）频段之一，也被其他无线通信标准，如 WiFi 使用。

信道和带宽：ZigBee 使用 16 个通道，每个通道的带宽为 2MHz，采用 IEEE 802.15.4 标准定义的物理层规范。

2. MAC层（Media Access Control Layer）

CSMA-CA 协议：ZigBee 使用载波侦听多路访问 - 冲突避免协议，通过在发送数据前监测信道的空闲状态来避免碰撞。

超帧结构：通信按照超帧结构进行，包括短数据帧和长数据帧，以及可选的信标帧和确认帧。这有助于最小化设备在空闲时的功耗。

3. 网络层

ZigBee 协议栈：ZigBee 通信采用分层的网络协议栈，包括应用层、应用支持子层（APS）、网络层（NWK）、MAC 层和物理层。这种分层结构有助于模块化设计和实现各种应用场景。

4. 应用层

ZigBeeClusterLibrary（ZCL）：ZigBee 应用层使用 ZCL 定义一组标准的簇（Cluster），每个簇代表一种应用场景或设备类型。这有助于设备之间的互操作性。

5. 安全性

AES 加密：ZigBee 支持高级加密标准（Advanced Encryption Standard，AES）对通信数据进行加密，以确保通信的安全性。

6. 路由和组网

Mesh 网络：ZigBee 支持网状网络拓扑结构，其中设备可以通过中继节点相互连接，形成可靠的通信路径，提高网络覆盖范围和稳定性。

总体而言，ZigBee 通过其低功耗、短距离、可扩展性和低成本等特点，适用于大量节点、低功耗、小数据量传输的物联网应用，如智能家居、工业自动化和传感器网络。

3.2.4.3　画出智慧育苗项目的拓扑图

智慧育苗项目的拓扑图如图3-1所示。

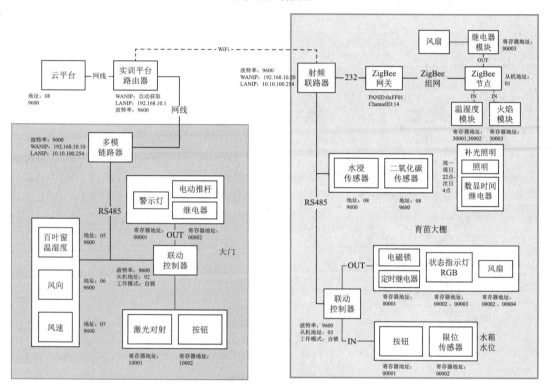

图3-1　智慧育苗项目拓扑图

3.2.5　任务评价

任务完成后，填写任务评价表，如表3-7所示。

表3-7　任务评价表

检查内容	检查结果	满意率		
是否了解物联网设备的传感器的选型	是□　否□	100%□	70%□	50%□
是否了解物联网设备的网络设备的选型	是□　否□	100%□	70%□	50%□
能否进行智慧育苗系统传感器选型	是□　否□	100%□	70%□	50%□
能否进行智慧育苗系统执行器选型	是□　否□	100%□	70%□	50%□
能否进行智慧育苗系统采集模块选型	是□　否□	100%□	70%□	50%□
能否绘制智慧育苗系统的拓扑图	是□　否□	100%□	70%□	50%□
是否熟悉物联网云平台以及分类功能	是□　否□	100%□	70%□	50%□
完成任务后使用的工具是否摆放、收纳整齐	是□　否□	100%□	70%□	50%□
完成任务后工位及周边的卫生环境是否整洁	是□　否□	100%□	70%□	50%□

3.2.6　任务反思

在进行智慧育苗系统设备选型时，传感器、执行器是否还有其更合理的选择？根据自己的设想绘制拓扑图。

3.3 任务3 智慧育苗项目部署与配置

3.3.1 任务工单与任务准备

3.3.1.1 任务工单

智慧育苗项目部署与配置任务工单如表3-8所示。

表3-8 任务工单

任务名称	智慧育苗项目部署与配置	学时	2	班级	
组别		组长		小组成绩	
组员姓名			组员成绩		
实训设备	桌面式实训操作平台	实训场地		时间	
课程任务	学习物联网项目的设备装接、部署。 学习物联网设备常用的网络连接与部署方法				
任务目的	了解物联网项目具体实施过程、掌握任务实施中设备的安装调试方法,学会解决实际工作中出现的问题				
任务实施要求	熟练配置农场园区、育苗大棚设备参数;正确对农场园区、育苗大棚设备调试,解决出现的问题				
实施人员	以小组为单位,成员2人				
结果评估(自评)	完成□ 基本完成□ 未完成□ 未开工□				
情况说明					
客户评估	很满意□ 满意□ 不满意□ 很不满意□				
客户签字					
公司评估	优秀□ 良好□ 合格□ 不合格□				

3.3.1.2 任务准备

完成与生产环境的改造相关的资料收集任务,安装需要的设备,具体任务准备工作如表3-9所示。任务拓扑图如图3-1所示。设备参数配置如表3-10和表3-11所示。

表3-9 智慧育苗项目准备清单

序号	类型	内容	是否合格
1	整体设计	智慧育苗项目任务拓扑图	
2	工具选型	安装工具:一字螺丝刀、十字螺丝刀、剥线钳、网线钳、压线钳。 检测工具:万用表	

序号	类型	内容	是否合格
3	设备选型	温湿度传感器：1个，型号：ITS-IOT-SOKTHA。 二氧化碳传感器：1个，型号：ITS-IOT-SOKCOA。 水浸传感器：1个，型号：ITS-IOTX-SS-WSJN01-A。 排风扇：1个。 照明灯：1个。 联动控制器：2个，型号：ITS-IOTX-CT-SWC4DS-A。 射频链路器：1个，型号：ITS-IOTX-NT-GW24WF-A。 多模链路器：1个，型号：ITS-IOTX-NT-GW24WF-A	
4	辅材	电源线、信号线、接线端子、白色绝缘胶布、网线、安装螺丝、螺母、垫片等	

表3-10 农场园区设备参数配置

序号	设备名称	地址参数	说明
1	百叶窗温湿度传感器	05	9600波特率
2	风向传感器	06	9600波特率
3	风速传感器	07	9600波特率
4	联动控制器	02	9600波特率 自锁模式
5	多模链路器	WAN IP：192.168.10.10 LAN IP：10.10.100.254	9600波特率
6	电动推杆	12V	
7	继电器	12V	
8	警示灯	12V	
9	激光对射	12V	
10	按钮	12V	
11	路由器	WAN IP：自动获取 LAN IP：192.168.10.1	9600波特率

表3-11 育苗大棚设备参数配置

序号	设备名称	地址参数	说明
1	水浸传感器	08	9600波特率
2	二氧化碳传感器	09	9600波特率
3	联动控制器	03	9600波特率 自锁模式
4	射频链路器	WAN IP：192.168.10.20 LAN IP：10.10.100.254	9600波特率
5	电磁锁	12V	
6	定时继电器	12V	10s
7	状态指示灯	12V	
8	风扇	12V	
9	按钮	12V	
10	限位传感器	12V	
11	数显时间继电器	12V	22点至次日4点
12	照明灯	12V	

3.3.2　任务目标

（1）了解智慧育苗项目具体实施过程。

（2）掌握任务实施中设备的安装调试方法。

（3）学会解决实际工作中出现的问题。

3.3.3　任务规划

根据所学风向传感器、风速传感器、二氧化碳传感器、水浸传感器等传感器安装与调试的知识，联动控制器的安装与调试，射频链路器的安装与调试以及工具的使用和接线的标准。制订并完成本次任务的实施计划。计划的具体内容可以包括任务前准备、分工等，任务中的具体实施步骤，以及任务完成后的总结等内容。任务规划表如表3-12所示。

表3-12　任务规划表

任务名称	智慧育苗项目部署与配置	
任务计划	完成农场园区设备的装接、配置和调试；完成育苗大棚设备的装接、配置和调试	
达成目标	完成智慧育苗项目部署、配置与调试	
序号	任务内容	所需时间/分钟
1	智慧育苗项目设备安装连接	45
2	实训平台路由器配置	25
3	农场园区设备参数配置： 射频链路器配置、联动控制器配置、传感器配置	20
4	育苗大棚设备参数配置： 多模链路器配置、联动控制器配置、传感器配置	30
5	农场园区设备调试	30
6	育苗大棚设备调试	30

3.3.4　任务实施

3.3.4.1　智慧育苗项目设备安装与连接

按照任务工单，参考任务拓扑图和接线图完成安装连接。

3.3.4.2　智慧育苗项目设备参数配置

1. 实训平台路由器配置

用网线一端连到PC网口，另一端连到实训平台左侧面内置的路由器，插到任一LAN口。

在PC中打开浏览器，输入网址192.168.10.1，出现登录界面。输入默认用户名为admin、默认密码为admin，单击"登录"按钮，进入路由器配置页面。

注意：

PC的IP地址必须和路由器在一个网段。如果出现打不开路由器登录界面的情况，可以将PC的网络属性中"IP地址获取方式"和"DNS服务器地址获取方式"全部改为"自动获取"。

1）基础网络配置

（1）Operation Mode：该页面用于配置路由终端工作模式，默认为Gateway网关模式，该模式用于"路由"功能和模式调整，修改完成需要单击Apply按钮应用本次配置，如图3-2所示。

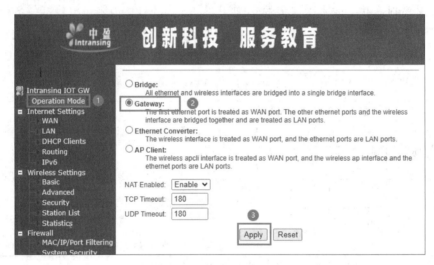

图3-2　路由器工作模式设置

（2）选择Internet Settings中的WAN：该页面用于配置WAN口的状态，常用的有DHCP（Auto Config）和Static Mode（Fixed IP）两种方式，这里需要选择"DHCP（Auto Config）"选项，如图3-3所示。

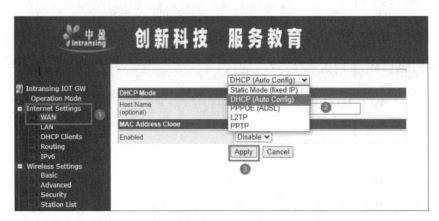

图3-3　路由器WAN设置

修改完成需要单击Apply按钮应用本次配置。

（3）选择Internet Settings中的LAN：该页面用于修改和配置设备默认IP以及DHCP状态等信息。设置本机LAN口的IP地址为192.168.10.1。设置DHCP Type为Server，DHCP Start IP为192.168.10.100，DHCP End IP为192.168.10.200。如图3-4所示。

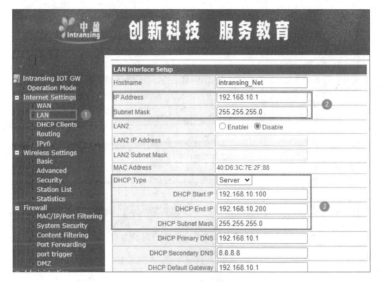

图3-4　路由器LAN设置

注意：

LAN口不能和WAN口在同一个网段下，另外LAN口下的DHCP Type如果不是Server，就需要手动设置计算机的IP在LAN口所在的网段上，才能访问路由器。

修改完成需要单击Apply按钮应用本次配置。

（4）选择Internet Settings中的DHCP Clients：该页面用来查看DHCP客户端连接状态，如图3-5所示。

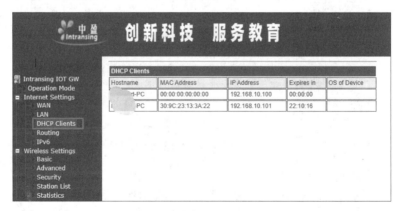

图3-5　路由器DHCP设置

2）无线网络配置

（1）选择左侧菜单Wireless Settings中的Basic，该页面用于配置无线网络信息。

通过单击WiFi ON按钮可进行WiFi开关切换。设置Radio On/Off与WiFi UP/DOWN选项均为打开。将Network Name（SSID）默认SSID名称修改为"zhinengyumiao_01"，如图3-6所示。修改完成需要单击Apply按钮应用本次配置。

图3-6　路由器WiFi设置

注意：

显示WiFi OFF为WiFi启用状态，显示WiFi ON为WiFi关闭状态。

（2）选择左侧菜单Wireless Settings中的Security：该页面可修改默认WiFi加密方式及密码。

使用默认WiFi接入密码：12345678，修改完成需要单击Apply按钮应用本次配置，如图3-7所示。

图3-7　路由器WiFi安全设置

2．农场园区设备参数配置

1）多模链路器配置

多模链路器外网IP地址配置为：192.168.10.10；内网IP地址配置为10.10.100.254。

用一条网线一端连到PC网口，另一端连到多模链路器LAN口。在浏览器输入地址：10.10.100.254，出现登录界面。

输入账号和口令，默认都是admin，进入配置页面，如图3-8所示。

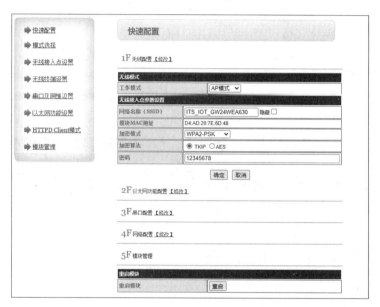

图3-8　多模链路器配置页面

步骤1：无线配置。

"工作模式"设置为"AP模式"，"网络名称（SSID）"使用默认，"加密模式"选择"WAP2-PSK"，"加密算法"选择"TKIP"单选按钮，"密码"使用默认的"12345678"。单击"确定"按钮保存，如图3-9所示。

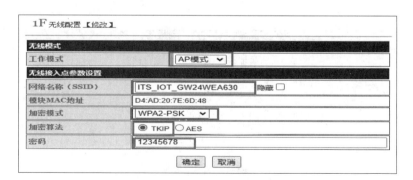

图3-9　多模链路器无线配置

步骤2：以太网功能配置。

网口1、网口2全部选择"开启"，如图3-10所示。

图3-10　以太网功能配置

步骤3：串口配置。

"工作模式"选择"透明传输模式"，"波特率"选择9600，其他选择默认。单击"确定"按钮保存，如图3-11所示。

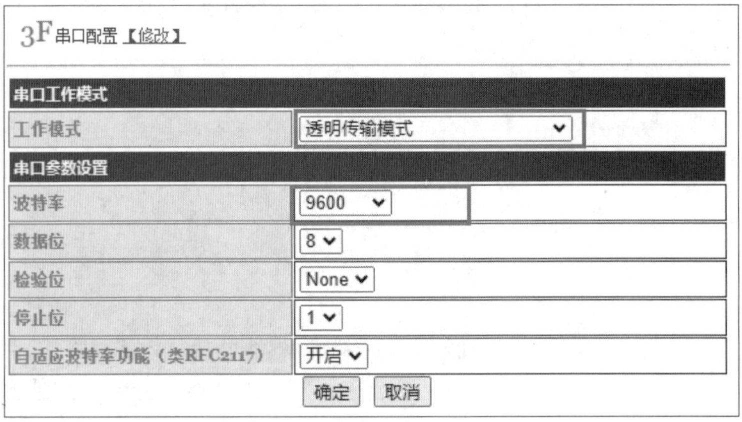

图3-11　串口配置

步骤4：网络配置。

"网络模式"选择Client，"协议"选择TCP，"端口"选择15000，"服务器地址"输入"iotcomm.intransing.net"。单击"确定"按钮保存，如图3-12所示。

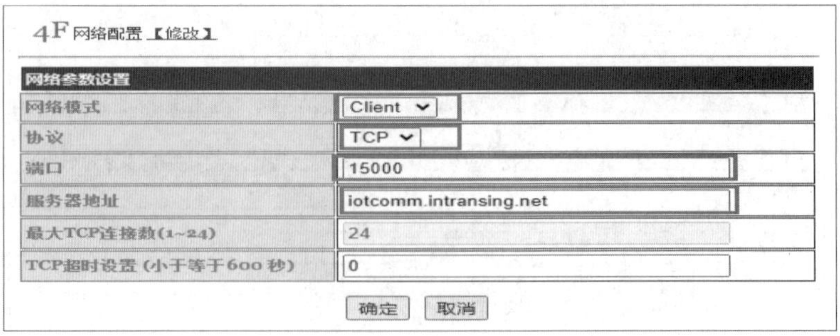

图3-12　网络配置

步骤5：无线接入点设置。

设置链路器的局域网IP地址（LAN），这里使用默认地址：10.10.100.254，如图3-13所示。

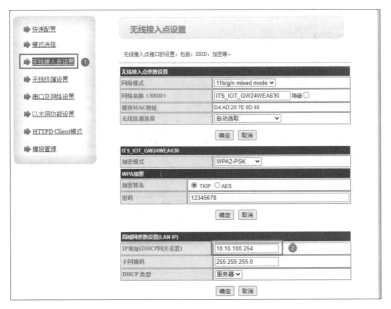

图3-13　无线接入点设置

步骤6： 无线终端设置。

单击"动态（自动获取）"右侧的下拉按钮，在下拉列表中选择"静态（固定 IP）"选项，如图3-14所示。

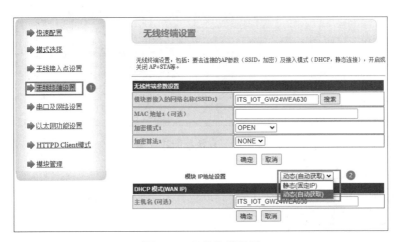

图3-14　无线终端设置

输入静态IP地址：192.168.10.10，子网掩码输入：255.255.255.0，网关地址输入：192.168.10.1，域名服务器输入：114.114.114.114。单击"确定"按钮保存设置，如图3-15所示。

步骤7： 串口及网络设置。

在设备注册包设置中，"注册包类型"选择"透传云"，"设备ID（透传云）"和"通信密码（透传云）"需要输入在云平台添加设备时记录的设备ID号及通信密码。单击"确定"按钮保存，如图3-16所示。

图3-15　模块IP地址设置

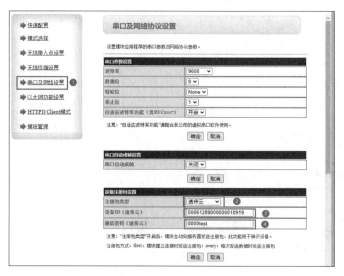

图3-16　设备注册包设置

2）联动控制器配置

将联动控制器盒下边的地址拨码开关设置为2。将RS485接口用导线接到RS485转串口并连接到PC。运行配套资源下的"..\安调运维产品配套资料包\[3]安装调试软件包\联动控制器_调试工具_ITS.exe"文件，进入启动界面。

设置串口为RS485转串口的地址，设置"波特率"为9600，单击"打开串口"按钮，如图3-17所示。

图3-17　串口设置

串口打开成功后，可以进行联动控制器配置，如图3-18所示。

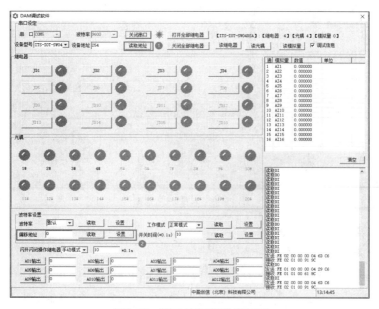

图3-18 联动控制器配置页面

单击"串口设定"中的"读取地址"按钮，看到返回的"设备地址"值为3，如图3-19所示。

图3-19 设备地址读取

将"波特率设置"中的"偏移地址"设置为0，单击"设置"按钮，如图3-20所示。

图3-20 偏移地址设置

再次单击"串口设定"中的"读取地址"按钮，看到"设备地址"为2，如图3-21所示。

图3-21 偏移地址读取

单击打开全部继电器，查看联动控制器的状态。再单击关闭全部继电器，查看联动控制器的状态。联动控制器配置正常则能够控制全部继电器打开和关闭。

如图3-22所示，将"波特率设置"中的"工作模式"设置为"本机自锁联动"，单击"设置"按钮保存。关闭程序。

图3-22 工作模式设置

3）传感器配置

（1）百叶箱温湿度传感器配置。

如图3-23所示，把百叶箱温湿度传感器通过RS485转串口连接到PC，接通电源。在PC端打开串口调试工具，进入调试界面。选择端口号选项下连接的串口，将"波特率"设置为4800，打开串口。

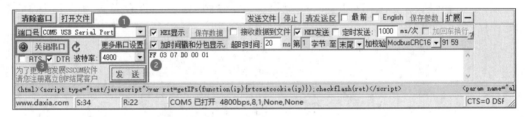

图3-23 百叶箱温湿度传感器波特率设置

注意：

百叶箱温湿度传感器默认波特率为4800b/s，默认地址为0x01。在波特率配置命令中，00为2400，01为4800，02为9600。如果修改过波特率接收仍不成功，可以尝试修改波特率的频率。

勾选"HEX显示"和"HEX发送"复选框，单击"加校验"下拉按钮，在下拉列表中选择"ModbusCRC16"选项，如图3-24所示。

图3-24 HEX显示和添加校验位设置

首先查询传感器现在使用的地址和波特率，如图3-25所示。

图3-25　查询传感器地址和波特率

按照任务要求，百叶箱温湿度传感器的地址参数需要配置为05；波特率参数需要配置为9600，如图3-26所示。

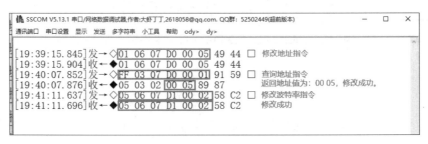

图3-26　设置传感器地址和波特率

修改完成后关闭串口，用9600波特率再次打开串口。用查询地址指令和查询波特率指令检查配置情况。

（2）风向传感器配置。

把风向传感器通过RS485转串口连接到PC，接通电源。在PC端打开串口调试工具，进入调试界面。选择端口号选项下连接的串口，"波特率"设置为4800，打开串口。勾选"HEX显示"和"HEX发送"复选框，单击"加校验"下拉按钮，在下拉列表中选择"ModbusCRC16"选项。

首先查询传感器现在使用的地址和波特率。按照任务要求，风向传感器的地址参数需要配置为06；波特率参数需要配置为9600，如图3-27所示。

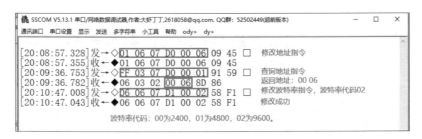

图3-27　设置风向传感器地址和波特率

修改完成后关闭串口，以9600波特率再次打开串口。用查询地址指令和查询波特率指令检查配置情况。

（3）风速传感器配置。

把风速传感器通过RS485转串口连接到PC，接通电源。在PC端打开串口调试工具，进入调试界面。选择端口号选项下连接的串口，波特率设置为4800，打开串口。勾择"HEX显示"和"HEX发送"复选框，单击"加校验"下拉按钮，在下拉列表中选择"ModbusCRC16"选项。

首先查询传感器现在使用的地址和波特率。按照任务要求，风速传感器的地址参数需要配置为07；波特率参数需要配置为9600，如图3-28所示。

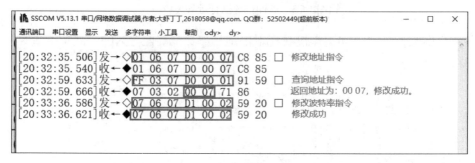

图3-28 设置风速传感器地址和波特率

修改完成后关闭串口，以9600波特率再次打开串口。用查询地址指令和查询波特率指令检查配置情况。

3. 育苗大棚设备参数配置

1）射频链路器配置

射频链路器外网IP地址配置为192.168.10.20；内网IP地址配置为10.10.100.254。

用一条网线一端连到PC网口，另一端连到射频链路器LAN口。在浏览器输入地址：10.10.100.254，出现登录界面。

输入账号和口令，默认都是admin，进入配置页面。

步骤1：无线配置，如图3-29所示。

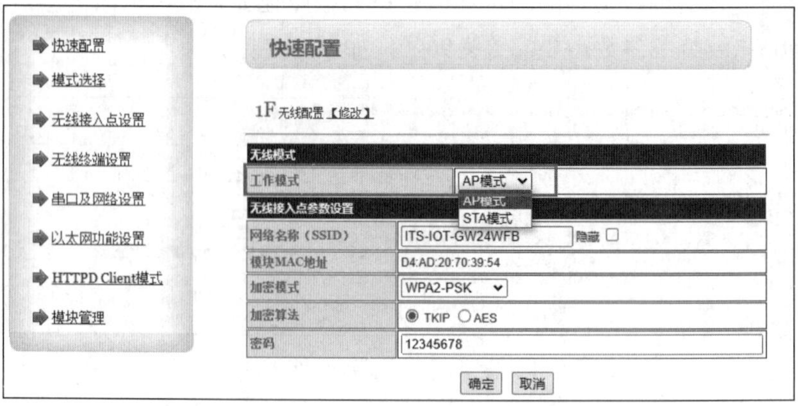

图3-29 射频链路器无线配置

单击"工作模式"选项中的"AP模式"右侧的下拉按钮，将"工作模式"设置为"SAT模式"，如图3-30所示。

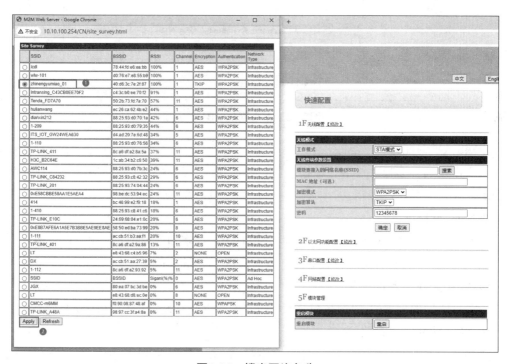

图3-30　射频链路器无线配置工作模式

单击模块要接入的"网络名称（SSID）"右侧的"搜索"按钮，出现附近的可以使用WiFi信号，选择前边在路由器里配置的WiFi名字：zhinengyumiao_01，如图3-31所示。单击Apply按钮进行应用。

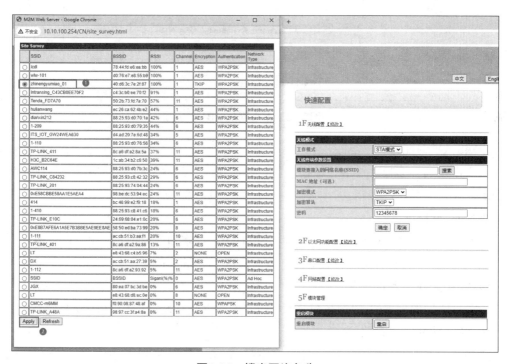

图3-31　搜索网络名称

"加密模式"选择WPA2PSK，"加密算法"选择TKIP，"密码"输入12345678。单击"确定"按钮保存，如图3-32所示。

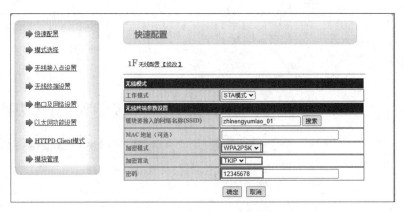

图3-32　加密模式参数配置

步骤2：以太网功能配置。

网口选择开启，"设置网口工作方式"为"LAN口"。单击"确定"按钮保存，如图3-33所示。

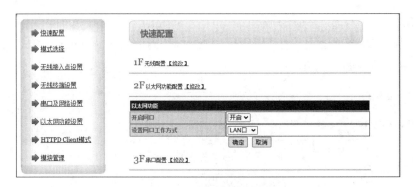

图3-33　以太网功能配置

步骤3：串口配置。

"工作模式"选择"透明传输模式"，"波特率"选择9600，其他选择默认。单击"确定"按钮保存。

步骤4：网络配置。

"网络模式"选择Client，"协议"选择TCP，"端口"选择15000，在"服务器地址"输入"iotcomm.intransing.net"。单击"确定"按钮保存。

步骤5：无线接入点设置。

设置链路器的局域网IP地址（LAN），这里使用默认地址：10.10.100.254。

步骤6：无线终端设置

单击"动态（自动获取）"右侧的下拉按钮，在下拉列表中选择"静态（固定IP）"选项，如图3-34所示。

输入静态IP地址：192.168.10.20，子网掩码：255.255.255.0，网关地址：192.168.10.1，域名服务器：114.114.114.114。单击"确定"按钮保存设置，如图3-35所示。

图3-34 无线终端设置

图3-35 模块IP地址设置

步骤7： 串口及网络设置。

在设备注册包设置中，"注册包类型"选择透传云，"设备ID（透传云）"和"通信密码（透传云）"需要输入在云平台添加设备时自动生成的设备ID号及通信密码。单击"确定"按钮保存。

2）联动控制器配置

将联动控制器盒下边的地址拨码开关设置为03。将RS485接口用导线接到RS485转串口并连接到PC。运行本书资源中的"安装调试软件包\联动控制器_调试工具\联动控制器_调试工具_ITS.exe"文件，进入启动界面。

设置串口为RS485转串口的地址，设置"波特率"为9600，单击"打开串口"按钮。

串口打开成功后就可以进行联动控制器配置。

单击"串口设定"中的"读取地址"按钮，返回的"设备地址"值为4，如图3-36所示。

图3-36　设备地址读取

将"波特率设置"中的"偏移地址"设置为0，单击"设置"按钮，如图3-37所示。

图3-37　偏移地址设置

再次单击"串口设定"中的"读取地址"按钮，"设备地址"值为3，如图3-38所示。

图3-38　偏移地址读取

单击打开全部继电器，查看联动控制器的状态。再单击关闭全部继电器，查看联动控制器的状态。联动控制器配置正常则能够控制全部继电器打开和关闭。设置"波特率设定"中的"工作模式"，设置为"本机自锁联动"。关闭程序。

3）传感器配置

（1）水浸传感器配置，如图3-39所示。

把水浸传感器通过RS485转串口连接到PC，接通电源。在PC端打开串口调试工具，进入调试界面。选择端口号选项下连接的串口，"波特率"设置为4800，打开串口。勾选"HEX显示"和"HEX发送"复选框，单击"加校验"下拉按钮，在下拉列表中选择"ModbusCRC16"选项。

首先查询传感器现在使用的地址和波特率。按照任务要求，水浸传感器的地址参数需要配置为08；波特率参数需要配置为9600。

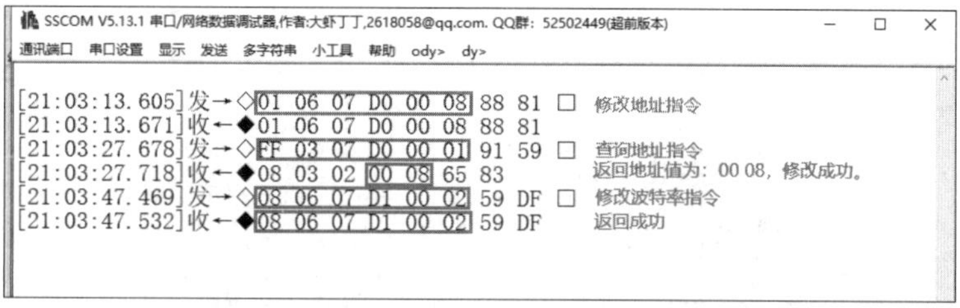

图3-39 设置水浸传感器的地址和波特率

修改完成后关闭串口，用9600波特率再次打开串口。用查询地址指令和查询波特率指令检查配置情况。

（2）二氧化碳传感器配置，如图3-40所示。

图3-40 设置二氧化碳传感器地址和波特率

把二氧化碳传感器通过RS485转串口连接到PC，接通电源。在PC端打开串口调试工具，进入调试界面。选择端口号选项下连接的串口，波特率设置为4800，打开串口。勾选"HEX显示"和"HEX发送"复选框，单击"加校验"下拉按钮，在下拉列表中选择"ModbusCRC16"选项。

首先查询传感器现在使用的地址和波特率。按照任务要求，二氧化碳传感器的地址参数需要配置为09；波特率参数需要配置为9600。

修改完成后关闭串口，以9600波特率再次打开串口。用查询地址指令和查询波特率指令检查配置情况。

4）定时补光配置

在育苗大棚内部，对于需要长日照的植物采用夜间补光的方式，增加日照时间。用时控开关控制每天晚上10点到第二天早上4点补光6小时。

（1）先设置标准时间。

按下时钟键不放，调整星期、时和分为当前时间。

（2）设置定时开。

按下"定时"键，出现on提示，在1后边输入第一个定时任务开始的时间，输入22:00:00，按下"星期"键选择每周的工作日，这里全选，如图3-41所示。

（3）设置定时关。

再按一次"定时"键，出现off提示，在1后边输入第一个定时任务关闭的时间，输入4:00:00，按下"星期"键选择每周的工作日，此处全选，如图3-42所示。

图3-41　设置第一路定时开　　　　图3-42　设置第一路定时关

设置完成按"时钟"键返回。按下"手动/自动"键，将模式设置为auto，开始定时任务，如图3-43所示。

5）门控电磁锁延时配置

温室大棚门实行常闭管理，主要是为了保持温室内的温度和湿度稳定，为植物提供更好的生长环境。同时，也可以减少外部气流和病虫害的影响，有利于植物的生长和生产。育苗大棚门开启后延时10s关闭。转动定时继电器顶部的转盘，设定到10s的位置，如图3-44所示。

图3-43　设置自动模式　　　　图3-44　定时继电器设置

3.3.4.3　智慧育苗项目设备调试

系统设备上电，首先用万用表电压挡测量各设备的供电是否正常。

观察多模链路器的电源指示灯和状态指示灯是否工作正常。观察联动控制器的电源灯是否工作正常。

1. 农场园区设备调试

（1）调整激光对射发射头和接收头的位置，让光线正对接收头，用手遮挡光线，观察联动控制器的1路输出指示灯是否正常亮起，报警指示灯应该能开始闪烁。

（2）按下大门开门按钮，观察联动控制器的2路输出指示灯是否正常亮起，电动推杆能够正常伸出。再次按下大门开门按钮，联动控制器的2路输出指示灯应该熄灭，电动推杆能够正常收回。

（3）百叶窗温湿度传感器调试。

把百叶窗温湿度传感器通过RS485转串口连接到PC，接通电源。在PC端运行本书资料包中的"安装调试软件包\模拟量变送器_调试工具\ModScan32.exe"软件。

选择"连接设置"菜单中的"连接"选项进行连接设置，如图3-45所示。

图3-45　连接设置

在使用的连接中，选择RS485转串口在PC中识别出的串口，"波特率"选取9600，8位数据位，没有校验位，1位停止位，如图3-46所示。单击"确认"按钮。

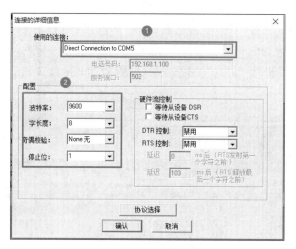

图3-46　串口参数配置

百叶窗温湿度传感器的地址为5，设置"Device Id"的地址为5；功能码为3；将"MODBUS Point Type"的功能码设置为03；Address地址设置为0001，Length长度设置为10，如图3-47所示。

设置完成后，监视窗口会显示读取的寄存器值。寄存器40001的值是湿度值，结果为281，除以10得到的结果为28.1，测量的湿度值是28.1%；寄存器40002的值是温度值，结果为165，除以10得到的结果为16.5，测量的温度值是16.5℃。

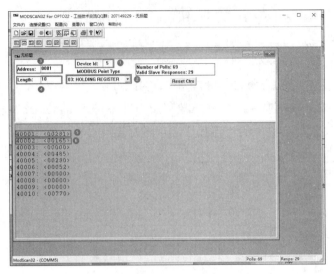

图3-47　读取百叶窗温湿度传感器的数据

（4）风向传感器调试。

把风向传感器通过RS485转串口连接到PC，接通电源。在PC端运行本书资料包中的"安装调试软件包\模拟量变送器_调试工具\ModScan32.exe"软件。

选择"连接设置"菜单中的"连接"选项进行连接配置。

在使用的连接中，选择RS485转串口在PC中识别出的串口，"波特率"选取9600，8位数据位，没有校验位，1位停止位。单击"确认"按钮。

风向传感器的地址为6，设置"Device id"的地址为6；功能码为3；将"MODBUS Point Type"的功能码设置为03；Address地址设置为0001，Length长度设置为10，如图3-48所示。

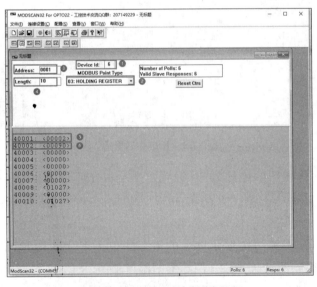

图3-48　读取风向传感器的数据

　　设置完成后，监视窗口会显示读取的寄存器值。寄存器40001的值是风向（挡）值，结果为2，测量的风向是东风；寄存器40002的值是风向（度）值，结果为90，这是十进制数，测量的风向是东风。

　　（5）风速传感器调试。

　　把风速传感器通过RS485转串口连接到PC，接通电源。在PC端运行本书资料包中的"安装调试软件包\模拟量变送器_调试工具\ModScan32.exe"软件。

　　选择"连接设置"菜单中的"连接"选项进行连接配置。

　　在使用的连接中，选择RS485转串口在PC中识别出的串口，"波特率"选取9600，8位数据位，没有校验位，1位停止位。单击"确认"按钮。

　　风速传感器的地址为7，设置"Device Id"的地址为7；功能码为3；将"MODBUS Point Type"的功能码设置为03；Address地址设置为0001，Length长度设置为10，如图3-49所示。

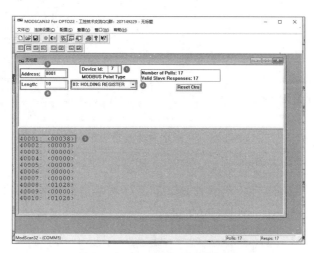

图3-49　读取风速传感器的数据

　　设置完成后转动测速风杯，监视窗口会显示读取的寄存器值。寄存器40001的值是风速值，结果为38，这个值除以10为3.8，测量的风速值是3.8m/s。

2. 育苗大棚设备调试

　　（1）按下育苗大棚开门按钮，观察联动控制器的1路输出指示灯是否正常亮起，电磁锁能否正常打开。过10s后能够自动关闭。

　　（2）按下水箱水位的限位开关，观察联动控制器的2路输出指示灯是否正常亮起，红色状态指示灯能够亮起。

　　（3）水浸传感器调试。

　　把水浸传感器通过RS485转串口连接到PC，接通电源。在PC端运行本书资料包中的"安装调试软件包\模拟量变送器_调试工具\ModScan32.exe"软件。

　　选择"连接设置"菜单中的"连接"选项进行连接配置。

在使用的连接中，选择RS485转串口在PC识别出的串口，"波特率"选择9600，8位数据位，没有校验位，1位停止位。单击"确认"按钮。

水浸传感器的地址为8，设置"Device Id"的地址为8；功能码为3；将"MODBUS Point Type"的功能码设置为03；Address地址设置为0001，Length长度设置为10，如图3-50所示。

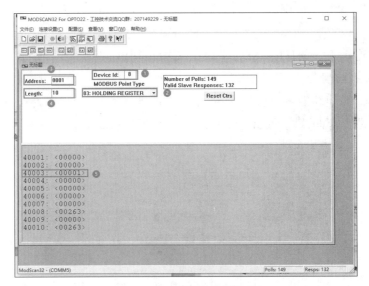

图3-50 读取水浸传感器的数据

设置完成后，监视窗口会显示读取的寄存器值。寄存器40003的值是水浸状态代码，结果为1，表示没有触发；用导线接触两个检测触点，观察监视窗口，发现读取的寄存器值变成2，表示触发，如图3-51所示。

```
40001: <00001>
40002: <00000>
40003: <00002>
40004: <00000>
40005: <00000>
40006: <00913>
40007: <00000>
40008: <00263>
40009: <00000>
40010: <00263>
```

图3-51 水浸传感器触发状态

（4）二氧化碳传感器调试。

把二氧化碳传感器通过RS485转串口连接到PC，接通电源。在PC端运行本书资料包中的"安装调试软件包\模拟量变送器_调试工具\Modscan32\Modscan32下的ModScan32.exe"软件。

选择连接设置菜单中的连接选项进行连接配置。

在使用的连接中，选择RS485转串口在PC中识别出的串口，"波特率"选取9600，8位数据位，没有校验位，1位停止位。"模式"选择RTU。单击"确认"按钮。

设置从机"Device Id"为9，功能码为03，起始地址为3，读取数量为1。

设置完成后，监视窗口会显示读取的寄存器值。这里显示的是644，测量的二氧化碳浓度值为644ppm，如图3-52所示。

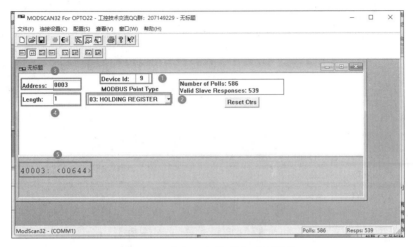

图3-52　读取二氧化碳传感器数值

3.3.5　任务评价

任务完成后，填写任务评价表，如表3-13所示。

表3-13　任务评价表

检查内容	检查结果	满意率		
设备选型是否正确	是□　否□	100%□	70%□	50%□
设备安装是否符合规范	是□　否□	100%□	70%□	50%□
设备接线端子、线型选择是否正确	是□　否□	100%□	70%□	50%□
育苗大棚区射频链路器工作是否正常	是□　否□	100%□	70%□	50%□
育苗大棚区联动控制器输入控制是否正常	是□　否□	100%□	70%□	50%□
水浸、二氧化碳传感器工作是否正常	是□　否□	100%□	70%□	50%□
农场园区射频链路器工作是否正常	是□　否□	100%□	70%□	50%□
农场园区联动控制器输入控制是否正常	是□　否□	100%□	70%□	50%□
百叶箱温湿度传感器工作是否正常	是□　否□	100%□	70%□	50%□
风向传感器、风速传感器工作是否正常	是□　否□	100%□	70%□	50%□
完成任务后使用的工具是否摆放、收纳整齐	是□　否□	100%□	70%□	50%□
完成任务后工位及周边的卫生环境是否整洁	是□　否□	100%□	70%□	50%□

3.3.6　任务反思

在智慧育苗过程中，还有哪些因素影响植物生长，可以采用哪些物联网技术进行管理控制？

3.4 任务4 智慧育苗项目边缘采集设备配置与调试

3.4.1 任务工单与任务准备

3.4.1.1 任务工单

智慧育苗项目边缘采集设备配置与调试任务工单如表3-14所示。

表3-14 任务工单

任务名称	智慧育苗项目边缘采集设备配置与调试	学时	4	班级	
组别		组长		小组成绩	
组员姓名			组员成绩		
实训设备	桌面式实训操作平台	实训场地		时间	
课程任务	边缘采集设备配置与调试				
任务目的	掌握ZigBee网关和ZigBee节点参数配置过程,理解边缘采集设备的自组网原理,实现数据上传到云平台				
任务实施要求	正确配置ZigBee网关和ZigBee节点参数,配置射频链路器,在ZigBee节点安装温湿度传感器、火焰传感器、继电器,并将大棚内部采集的环境数据上传到云平台				
实施人员	以小组为单位,成员2人				
结果评估(自评)	完成□　基本完成□　未完成□　未开工□				
情况说明					
客户评估	很满意□　满意□　不满意□　很不满意□				
客户签字					
公司评估	优秀□　良好□　合格□　不合格□				

3.4.4.2 任务准备

了解IAR集成开发环境。

IAR是一家公司的名称,也是一种集成开发环境的名称,这里所说的IAR主要是指集成开发环境。

IAR公司的发展也是经历了一系列历史变化,从开始针对8051做C编译器,逐渐发展至今,已经是一家庞大的、技术力量雄厚的公司。而IAR集成开发环境也是从单一到现在针对不同处理器，拥有多种IAR版本的集成开发环境。

嵌入式IAREmbeddedWorkbench适用于大量8位、16位以及32位的微处理器和微控制器，使用户在开发新的项目时也能在所熟悉的开发环境中进行。它为用户提供一个易学和具有最大量代码继承能力的开发环境，以及对大多数和特殊目标的支持。嵌入式IAREmbeddedWorkbench有效提高用户的工作效率，通过IAR工具，用户可以大幅节省工作时间。我们称这个理念为"不同架构，同一解决方案"。

这里主要讲述IARfor8051这一款开发工具，而IAR拥有多个版本，支持的芯片有上万种，可参看官网：https://www.iar.com/iar-embedded-workbench/。

IARfor8051集成开发工具主要用于8051系列芯片的开发，这里所说的IARfor8051其实是EmbeddedWorkbenchfor8051，即嵌入式工作平台，在有些地方也会看见IAREW8051，其实它们都是同一个集成开发工具软件，只是叫法不一样而已。

EmbeddedWorkbenchfor8051是IARSystems公司为8051微处理器开发的一个集成开发环境（简称IAREW 8051，也简称为IAR for 8051）。与其他的8051开发环境相比，IAREW 8051具有入门容易、使用方便和代码紧凑等特点。

3.4.2　任务目标

（1）学会使用IAR for 8051开发环境。

（2）了解ZigBee协议栈的结构。

（3）掌握ZigBee组网参数的配置及ZigBee工程编译和下载到设备。

（4）云平台能显示数据。

3.4.3　任务规划

根据所学相关安装与调试的知识，制订并完成本次任务的实施计划。计划的具体内容可以包括任务前准备、分工等，任务中的具体实施步骤，以及任务完成后的总结等内容。任务规划表如表3-15所示。

表3-15　任务规划表

任务名称	智慧育苗项目边缘采集设备配置与调试	
任务计划	安装IAR软件环境并学习使用，理解ZigBee协议栈的构架层次，ZigBee网关节点的配置连接调试，实现ZigBee的自组网，通过射频链路器将获取的传感器数据上传到云平台。实现边缘采集设备的智能运行	
达成目标	ZigBee网关、节点能实现自组网，ZigBee节点能够采集传感器数据、控制继电器动作，传感器数据能够上传到云平台，并实现边缘采集、边缘可控	
序号	任务内容	所需时间/分钟
1	IAR软件环境的安装配置与使用	20
2	ZigBee协议栈结构的理解	20

续表

序号	任务内容	所需时间/分钟
3	边缘采集设备的配置： ZigBee网关的配置；ZigBee节点的配置	40
4	边缘采集设备的连接	10
5	边缘采集设备调试： 实现ZigBee节点按键控制照明灯	30
6	边缘采集设备调试： 实现ZigBee节点根据温度值控制风扇开关	30
7	边缘采集设备调试： 实现ZigBee节点根据火焰传感器控制报警灯开关	30

知识链接

1. ZigBee协议栈简介

协议是一系列的通信标准，通信双方需要按照这一标准进行正常的数据发射和接收。协议栈是协议的具体实现形式，通俗讲协议栈就是协议和用户之间的一个接口，开发人员通过使用协议栈来使用这个协议，进而实现无线数据收发。

ZigBee 协议分为两部分：IEEE 802.15.4 定义了 PHY（物理层）和 MAC（介质访问控制层）技术规范；ZigBee 联盟定义了 NWK（网络层）、APS（应用程序支持层）、APL（应用层）技术规范。ZigBee 协议栈就是将各层定义的协议都集合在一起，以函数的形式实现，并给用户提供 API（应用层），用户可以直接调用。

2. 如何理解ZigBee协议栈

协议栈是协议的实现，可以理解为代码、库函数，供上层应用调用，协议较底下的层与应用是相互独立的。商业化的协议栈只提供接口（其实和互联网行业的 API 模式很像）。就像用户调用地图 API 时不需要关心底层地图是怎么根据位置或坐标绘制的，也不用关心协议栈底层的实现，除非用户想做协议研究。每个厂家的协议栈是有区别的，例如 TI 的 BLE 协议栈和 Nordic 的 BLE 协议栈就有很大不同。

3. 如何使用ZigBee协议栈

以简单的无线数据通信为例，其一般步骤如下。

（1）组网：调用协议栈组网函数、加入网络函数，实现网络的建立和节点的加入。

（2）发送：发送节点调用协议栈的发送函数，实现数据无线发送。

（3）接收：接收节点调用协议栈的无线接收函数，实现无线数据接收。

由于协议栈都把这些函数都封装好了，因此我们用起来比较方便。下面是协议栈无线发送的函数：

```
afStat us_t AF_DataRequest (
    afAddrType_t *dstAddr,
    endPointDesc _t *srcEP,
    uint16 cID,
    uint16 len,          /* 发送数据的长度 */
    uint8 *buf,          /* 指向存放发送数据的缓冲区的指针 */
    uint8 *transID,
    uint8 options,
    uint8 radius
)
```

至于调用该函数后，如何初始化硬件进行数据发送等工作，用户不需要关心，ZigBee 协议栈已经将所需要的工作做好了，我们只需要调用相应的 API 函数即可，而不必关心具体实现细节。

4. 安装使用ZigBee协议栈

从本书资料包中下载 ZStack-2.5.1a.zip 文件并解压，如图 3-53 所示。

图3-53　ZigBee协议栈文件目录

5. 协议栈工程整体架构

用 IAR 打开"ZStack-2.5.1a\Projects\zstack\Samples\SampleApp\CC2530DB\SampleApp.eww"，注意不要把 ZStack-2.5.1a 放在比较长的目录中，否则用 IAR 打开工程时可能文件打不开，一直卡，目录名最好不要用汉字。打开后工程及结构如图 3-54 所示。

图3-54　协议栈工程整体架构

3.4.4　任务实施

3.4.4.1　边缘采集设备的配置

1. ZigBee网关配置

ZigBee网关参数配置表如表3-16所示。

表3-16　ZigBee网关参数配置表

序号	名称	参数值	参数名
1	ZigBee网关的PAN_ID组号	0xFF01	-DZDAPP_CONFIG_PAN_ID
2	ZigBee网关的工作信道	14	-DDEFAULT_CHANLIST
3	ZigBee网关的波特率	9600	HAL_UART_BR

（1）在项目中单击左上角的下拉按钮，在下拉列表中选择Gateway选项。

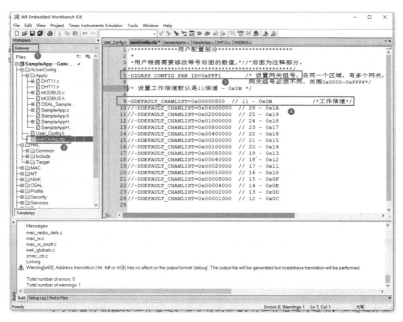

图3-55　ZigBee网关组号和工作信道

userConfig.cfg文件代码如下:

```
1  /************** 用户配置部分 ********************
2  *
3  * 用户根据需要修改等号后面的数值,"//"后面为注释部分。
4  *******************************************/
5  -DZDAPP_CONFIG_PAN_ID=0xFFF1
6                                /* 设置网关组号,在同一个区域,有多个网关,网关组
                                     号必须不同,范围为0x0000~0xFFFF*/
7  /* 设置工作信道默认是11信道 - 0x0B */
8
9  //-DDEFAULT_CHANLIST=0x00000800   // 11 - 0x0B    /* 工作信道 */
10 //-DDEFAULT_CHANLIST=0x04000000   // 26 - 0x1A
11 //-DDEFAULT_CHANLIST=0x02000000   // 25 - 0x19
12 //-DDEFAULT_CHANLIST=0x01000000   // 24 - 0x18
13 //-DDEFAULT_CHANLIST=0x00800000   // 23 - 0x17
14 //-DDEFAULT_CHANLIST=0x00400000   // 22 - 0x16
15 //-DDEFAULT_CHANLIST=0x00200000   // 21 - 0x15
16 //-DDEFAULT_CHANLIST=0x00100000   // 20 - 0x14
17 //-DDEFAULT_CHANLIST=0x00080000   // 19 - 0x13
18 //-DDEFAULT_CHANLIST=0x00040000   // 18 - 0x12
19 //-DDEFAULT_CHANLIST=0x00020000   // 17 - 0x11
20 //-DDEFAULT_CHANLIST=0x00010000   // 16 - 0x10
21 //-DDEFAULT_CHANLIST=0x00008000   // 15 - 0x0F
22 //-DDEFAULT_CHANLIST=0x00004000   // 14 - 0x0E
23 //-DDEFAULT_CHANLIST=0x00002000   // 13 - 0x0D
24 //-DDEFAULT_CHANLIST=0x00001000   // 12 - 0x0C
```

（2）配置网关组号参数：在"userConfig.cfg"文件中，修改第5行"ZDAPP_CONFIG_PAN_ID"等号后面的数值为网关组号，范围为0x0000～0xFFFF，在这里设置为0xFF01。在同一个区域和同一信道，如果有多个网关需要同时工作，网关组号必须不同。

（3）配置通信信道：在"uscrConfig.cfg"文件中，第9行"DEFAULT_CHANLIST"等号后面为ZigBee工作信道。第9～24行为工作信道可选项，这里设置使用14信道，则在第9行代码前面加上"//"注释符，去掉第22行的"//"注释符。按Ctrl+S组合键保存，如图3-56所示。

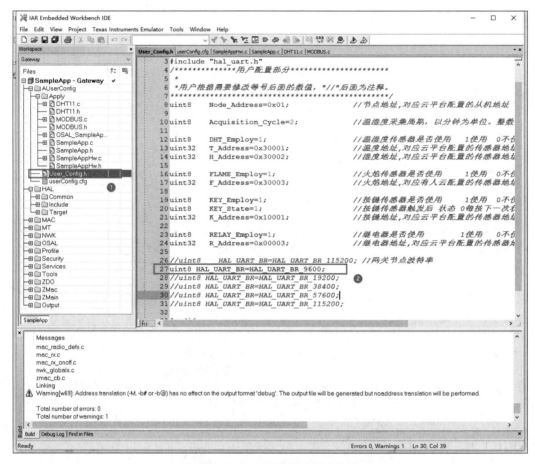

图3-56　ZigBee网关的波特率设置

（4）配置串口信息：在"User_Config.h"文件中，第27行"HAL_UART_BR"等号后面为串口网关波特率，第27～31行为波特率可选项。网关波特率必须与串口网关所设置的波特率匹配，在这里波特率设置为9600，如图3-56所示。

（5）程序编译：网关配置完成后，按F7键或单击工具栏中的Make图标进行程序编译，如图3-57所示。

图3-57　编译、链接当前工程

（6）程序下载：编译完成后按Ctrl+D组合键，或单击工具栏中的DownloadandDebug按钮，将程序烧录到ZigBee网关上，如图3-58所示。

图3-58　程序烧录

2. ZigBee节点配置

ZigBee节点参数配置表如表3-17所示。

表3-17　ZigBee节点参数配置表

序号	名称	参数值	参数名
1	ZigBee节点PAN_ID组号	0xFF01	-DZDAPP_CONFIG_PAN_ID
2	ZigBee节点工作信道	14	-DDEFAULT_CHANLIST
3	ZigBee节点地址	0x01	Node_Address
4	温度传感器地址	0x30001	T_Address
5	湿度传感器地址	0x30002	H_Address
6	火焰传感器地址	0x30003	F_Address
7	按键地址	0x10001	K_Address
8	继电器地址	0x00003	R_Address
9	温湿度传感器使用	1	DHT_Employ
10	火焰传感器使用	1	FLAME_Employ
11	按键传感器使用	1	KEY_Employ
12	继电器使用	1	RELAY_Employ
13	ZigBee节点温湿度采集周期	2min	Acquisition_Cycle

（1）在项目中单击左上角的下拉按钮，在下拉列表中选择Node选项。

（2）配置节点：在"userConfig.cfg"文件中调整节点需要接入的网关组号，以及对应的工作信道。这里设置PANID网络号为0xFF01，工作信道为14，设置方法和ZigBee网关设置一致，如图3-59所示。

图3-59　ZigBee节点组号和工作信道

（3）配置节点上传数据信息：在"User_Config.h"文件中，"Node_Address"等号后面为节点地址，与云平台的设备模板"从机地址"对应。"T_Address""H_Address""F_Address""K_Address""R_Address"等号后面为传感器地址，与云平台的设备模板从机的"寄存器地址"对应。修改"Acquisition_Cycle"等号后面的值，改变ZigBee节点温湿度采集周期，以分钟为单位，该值必须为整数，范围为1～255。"DHT_Employ""FLAME_Employ""KEY_Employ""RELAY_Employ"为传感器是否使用，当使用时数值为1，不使用数值为0，如图3-60所示。

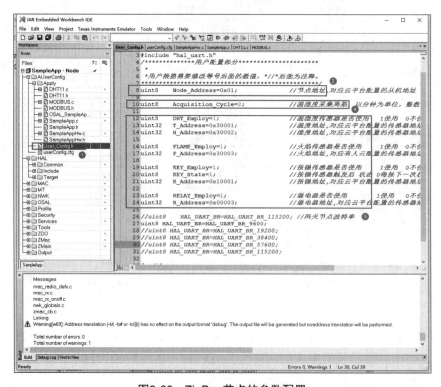

图3-60　ZigBee节点的参数配置

注意:

云平台中配置对应的节点地址,如图3-61所示。

图3-61   云平台中的节点地址

云平台中配置对应的寄存器地址如图3-62所示。

图3-62   云平台中的寄存器地址

(4)节点程序编译:网关配置完成后,按F7键或单击工具栏中的Make图标进行程序编译。

(5)节点程序下载:编译完成后按Ctrl+D组合键或单击工具栏中的DownloadandDebug按钮 ,将程序烧录到ZigBee节点上。

3.4.4.2   边缘采集设备的连接

1. ZigBee网关的连接

通过直连DB9线,将ZigBee网关与射频链路器相连,给设备分别接上电源线。ZigBee网关的连接框图如图3-63所示。

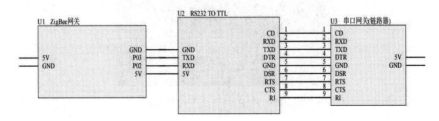

图3-63   ZigBee网关的连接框图

2. ZigBee节点的连接

ZigBee节点程序烧录完成后，需要和传感器进行连接，如图3-64所示。

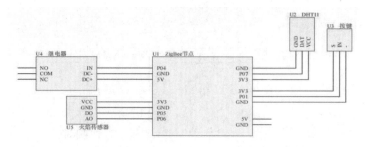

图3-64　ZigBee节点的连接框图

把温湿度传感器、火焰传感器和继电器按照表3-18连接到ZigBee节点。ZigBee节点接口图如图3-65所示。

表3-18　传感器接口参数表

序号	传感器名称	引脚1	引脚2	引脚3	引脚4
1	温湿度传感器	VCC	P07	G	/
2	火焰传感器	VCC	G	P05	P06
3	轻触开关（开关量传感器）	节点外壳自带	/	/	/
4	继电器模块（执行器控制量）	VCC	P04	G	/

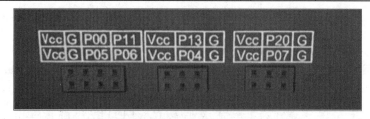

图3-65　ZigBee节点接口图

3. 加电调试

先给射频链路器、ZigBee网关加电；然后给ZigBee节点加电，观察设备的状态指示灯，如图3-66所示。

图3-66　ZigBee节点工作状态图

红色：电源指示灯；绿色：链接状态指示灯。

1）ZigBee网关网络指示灯Link

ZigBee网关正在建立ZigBee网络时灯闪烁，建立ZigBee网络完成时灯常亮。

2）ZigBee节点网络指示灯Link

节点正在连接网关或连接ZigBee网关失败时灯闪烁，ZigBee节点连接网关成功时灯常亮。

知识链接

物联网云-边-端是一种新型的技术架构，它将云计算的能力延伸到边缘计算，从而提供更加高效、智能的设备管理和服务。这种架构将数据存储、处理和分析的能力从中心节点分散到网络的边缘，使得设备能够更快速地响应指令，同时减少数据传输的延迟和成本。

在物联网云-边-端架构中，"云"是中心节点，负责管理和控制整个网络，提供数据存储、处理和分析等服务。通过云计算，可以实现大规模数据的集中存储和处理，提供强大的计算能力和数据处理能力。此外，云计算还可以提供安全可靠的数据存储和备份服务，保障数据的可靠性和安全性。

"边"是云计算的边缘侧，分为基础设施边缘和设备边缘。基础设施边缘是指数据中心或服务器集群等计算资源，负责提供数据存储和计算服务。设备边缘是指物联网设备所在的终端节点，包括各种传感器、执行器等设备。在设备边缘，可以通过边缘计算技术实现设备的本地处理和控制，从而降低数据传输的延迟和成本，提高设备的响应速度和效率。

"端"是指终端设备，如手机、智能家电、各类传感器、摄像头等。这些设备负责采集和处理各种数据，并将其传输到云或边缘节点进行处理。终端设备需要具备低功耗、低成本、高可靠性和长寿命等特点，以满足不同应用场景的需求。

物联网云-边-端架构的应用场景十分广泛，包括智能家居、智能城市、智能工业等领域。在智能家居领域，物联网云-边-端架构可以实现家庭设备的互联互通，提供智能化的家居管理和服务。例如，通过智能音箱或手机等终端设备控制家电的运行，实现智能化的家居环境控制和管理。在智能城市领域，物联网云-边-端架构可以应用于城市设施的智能化管理和监控，提高城市的管理效率和公共服务水平。例如，通过物联网技术实现城市交通信号灯的自适应控制，提高交通流量的运行效率；通过智能化的环境监测系统，及时发现和解决环境问题。在智能工业领域，物联网云-边-端架构可以实现工业设备的远程监控和维护，提高设备的运行效率和可靠性。例如，通过物联网技术实现工业设备的远程故障诊断和维护，减少设备的停机时间和维修成本；通过智能化的生产管理系统，提高生产效率和产品质量。

物联网云 - 边 - 端架构的优势在于它可以实现数据的分布式存储和处理，提供更加高效、智能的设备管理和服务。通过将云计算的能力延伸到边缘计算，可以降低数据传输的延迟和成本，提高设备的响应速度和效率。此外，物联网云 - 边 - 端架构还可以提供安全可靠的数据存储和备份服务，保障数据的可靠性和安全性。同时，这种架构还可以支持各种不同类型的应用场景，具有广泛的应用前景和商业价值。

未来随着物联网技术的不断发展，物联网云 - 边 - 端架构将会更加成熟和完善。同时随着5G、人工智能等新技术的不断涌现和应用，物联网云 - 边 - 端架构将会与这些技术进行更加紧密的结合和创新应用。相信未来这种架构将会在更多领域发挥重要的作用和价值。

3.4.4.3 边缘采集设备调试

在ZigBee节点可以采集温湿度传感器和火焰传感器的数据，能判断按键动作，能够控制继电器工作。

用IAR打开本书资料包中的"..\ZStack-2.5.1a\Projects\zstack\Samples\SampleApp\CC2530DB\SampleApp.eww"文件，选择Node节点，双击项目结构中的SampleApp.c文件，如图3-67所示。

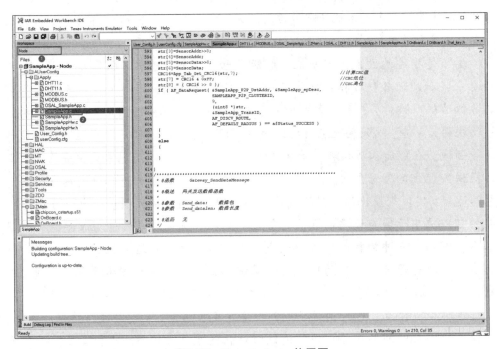

图3-67 SampleApp.c位置图

SampleApp.c文件的部分代码如下：

```
406 void SampleApp_SendFlashMessage(void)
407 {
408   uint16 TempData;
409   DHT11();                                              // 读取温湿度数据
410   TempData = wendu;
411   Node_Senddata(Node_Address,T_Address,TempData); // 发送温度数据到网关
412   osal_start_timerEx(SampleApp_TaskID, HumidityAPP_SEND_PERIODIC_MSG_
      EVT, 10000);//10s 后发送湿度数据到网关
413 }
414 /****************************************************************
415  * @函数     SampleApp_SendFlashMessage
416  *
417  * @概述     上传湿度数据
418  *
419  * @参数     无
420  *
421  * @返回     无
422  */
423 void HumidityApp_SendFlashMessage(void)
424 {
425   uint16 HumData;
426   HumData = shidu;
427   Node_Senddata(Node_Address,H_Address,HumData); // 发送湿度数据到网关
428   osal_stop_timerEx(SampleApp_TaskID, HumidityAPP_SEND_PERIODIC_MSG_
      EVT);    // 停止发送湿度数据到网关
429 }
430 /****************************************************************
431  * @函数     SampleApp_Send_P2P_Message
432  *
433  * @概述     上传 ADC 数据
434  *
435  * @参数     无
436  *
437  * @返回     无
438  */
439 void SampleApp_Send_P2P_Message(void)
440 {
441   uint16 GasData;
442   GasData = ReadGasData();                        // 获取火焰传感器（ADC）数据
443   Node_Senddata(Node_Address,F_Address,GasData);  // 发送火焰传感器数据
444 }
445 /****************************************************************
446  * @函数     SampleApp_Send_KEY_Message
447  *
448  * @概述     节点对按键操作，并返回数据包给网关
449  *
450  * @参数     无
451  *
```

```
452   * @返回    无
453   */
454 void SampleApp_Send_KEY_Message(void)
455 {
456   if(KEY_State==0)
457   key_data_state^=0xffff;                    // 异或    取反
458   else if(KEY_State==1)
459   {
460     if(!HAL_PUSH_BUTTON2())                   // 如果按键还被按下，改变按键数
                                                     据，则2S扫描一次按键
461     {
462       key_data_state=0xffff;
463       osal_start_timerEx(SampleApp_TaskID, KeyAPP_SEND_PERIODIC_
          MSG_EVT, 2000);                         //2s后再次执行
464     }
465     else if(HAL_PUSH_BUTTON2())               // 如果按键没有被按下，改变按键
                                                     数据，暂停按键扫描
466     {
467       key_data_state=0x00;
468       osal_stop_timerEx(SampleApp_TaskID, KeyAPP_SEND_PERIODIC_MSG_
          EVT);                                   // 暂停按键扫描
469     }
470   }
471   Node_Senddata(Node_Address,K_Address,key_data_state);
      // 发送按键数据包
472 }
473 /************************************************************
474  * @函数    SampleApp_Send_Relay_Message
475  *
476  * @概述    节点对继电器操作，并返回数据包给网关
477  *
478  * @参数    无
479  *
480  * @返回    无
481  */
482 void SampleApp_Send_Relay_Message(void)
483 {
484   if(gateway_backdata[5]==0xff)      // 如果是打开继电器
485   {
486     RELAY_PIN=1;                     // 将继电器引脚拉高
487     relay_state=0xffff;             // 传感器数据
488   }
489   else if(gateway_backdata[5]==0x00)// 如果是关闭继电器
490   {
491     RELAY_PIN=0;                     // 将继电器引脚拉低
492     relay_state=0x00;               // 传感器数据
493   }
```

```
494        Node_Senddata(Node_Address,R_Address,relay_state);
           // 返回网关从操作完成数据包
495 }
```

1. 实现ZigBee节点按键控制照明灯

分析上面的程序代码，在函数SampleApp_Send_Relay_Message(void)中，第486和487行是打开继电器命令；第491和492行是关闭继电器命令；第494行是上传云平台继电器状态。

第462行是按键按下状态；第467行是按键放开状态。

修改函数SampleApp_Send_KEY_Message(void)中的代码如下：

```
void SampleApp_Send_KEY_Message(void)
{
  if(KEY_State==0)
  key_data_state^=0xffff;                    // 异或    取反
  else if(KEY_State==1)
  {
     if(!HAL_PUSH_BUTTON2())                  // 如果按键也被按下，改变按键数据，
                                              //   则 2s 扫描一次按键
    {
      key_data_state=0xffff;
      osal_start_timerEx(SampleApp_TaskID,eyAPP_SEND_PERIODIC_MSG_EVT,
      2000);                                  //2s 后再次执行

      RELAY_PIN=1;                            // 将继电器引脚拉高
      relay_state=0xffff;                     // 传感器数据
    }
     else if(HAL_PUSH_BUTTON2())              // 如果按键没有被按下，改变按键数据，
                                              //   暂停按键扫描
    {
      key_data_state=0x00;
    osal_stop_timerEx( SampleApp_TaskID,KeyAPP_SEND_PERIODIC_MSG_EVT);
                                              // 暂停按键扫描

      RELAY_PIN=0;                            // 将继电器引脚拉低
      relay_state=0x00;                       // 传感器数据
    }
      Node_Senddata(Node_Address,R_Address,relay_state);
                                              // 返回网关，完成的数据包操作
  }
  Node_Senddata(Node_Address,K_Address,key_data_state);// 发送按键数据包
}
```

编译程序，烧录到ZigBee节点中。

复位ZigBee节点，按下ZigBee节点盒体上的按键，观察继电器的动作。

2. 实现ZigBee节点根据温度值控制风扇开关

分析上面程序代码，在函数SampleApp_SendFlashMessage(void)中，第409行是读取温度语句。

增加以下功能，当温度高于25°时，打开继电器，控制风扇排风；低于等于25°时，关闭继电器，控制风扇停止运行。

修改函数voidSampleApp_SendFlashMessage(void)中的代码如下：

```
void SampleApp_SendFlashMessage(void)
{
  uint16 TempData;
  DHT11();                                        // 读取温湿度数据
  TempData = wendu;
  Node_Senddata(Node_Address,T_Address,TempData); // 发送温度数据到网关
  osal_start_timerEx(SampleApp_TaskID,HumidityAPP_SEND_PERIODIC_MSG_EVT,
  10000);                                         //10s后发送湿度数据到网关

  if (TempData > 25)
  {    RELAY_PIN=1;                               // 将继电器引脚拉高
       relay_state=0xffff;  }                     // 传感器数据
  else
  {    RELAY_PIN=0;                               // 将继电器引脚拉低
       relay_state=0x00;  }                       // 传感器数据
  Node_Senddata(Node_Address,R_Address,relay_state);
                                                  // 返回网关，完成的数据包操作
}
```

编译程序，烧录到ZigBee节点中。

复位ZigBee节点，改变温湿度传感器的值，观察继电器的动作。

注意：

在User_Config.h程序代码里，第10行定义温湿度采集周期为2分钟。

uint8 Acquisition_Cycle=2;//温湿度采集周期，以分钟为单位。整数范围为1~255。

3. 实现ZigBee节点根据火焰传感器控制报警灯开关

分析上面程序代码，在函数SampleApp_Send_P2P_Message(void)中，第442行是火焰传感器（ADC）数据语句。

增加以下功能，当火焰传感器（ADC）数据高于1500时，打开继电器，控制报警灯工作；低于或等于1500时，关闭继电器，控制报警灯停止工作。

修改函数SampleApp_Send_P2P_Message(void)中的代码如下：

```
void SampleApp_Send_P2P_Message(void)
{
  uint16 GasData;
  GasData = ReadGasData();                         // 获取火焰传感器 (ADC) 数据
```

```
Node_Senddata(Node_Address,F_Address,GasData);   // 发送火焰传感器数据

if (GasData > 1500)
{   RELAY_PIN=1;                          // 将继电器引脚拉高
  relay_state=0xffff;  }                  // 传感器数据
else
{   RELAY_PIN=0;                          // 将继电器引脚拉低
    relay_state=0x00; }                   // 传感器数据
Node_Senddata(Node_Address,R_Address,relay_state);
                                          // 返回网关，完成的数据包操作

}
```

编译程序，烧录到ZigBee节点中。

复位ZigBee节点，改变火焰传感器的值，观察继电器的动作。

注意:

ZigBee节点的继电器模块带有自锁功能，触发后保持，二次触发关闭。

3.4.5　任务评价

任务完成后，填写任务评价表，如表3-19所示。

表3-19　任务评价表

检查内容	检查结果	满意率		
IAR安装使用是否熟练	是☐ 否☐	100%☐	70%☐	50%☐
ZigBee协议栈是否理解	是☐ 否☐	100%☐	70%☐	50%☐
ZigBee节点配置是否正确	是☐ 否☐	100%☐	70%☐	50%☐
ZigBee网关配置是否正确	是☐ 否☐	100%☐	70%☐	50%☐
ZigBee自组网是否完成	是☐ 否☐	100%☐	70%☐	50%☐
边缘采集数据是否能上传到云平台	是☐ 否☐	100%☐	70%☐	50%☐
云平台是否正确读取并控制ZigBee节点	是☐ 否☐	100%☐	70%☐	50%☐
实现ZigBee节点按键控制照明灯	是☐ 否☐	100%☐	70%☐	50%☐
实现ZigBee节点根据温度值控制风扇开关	是☐ 否☐	100%☐	70%☐	50%☐
实现ZigBee节点根据火焰传感器控制报警灯开关	是☐ 否☐	100%☐	70%☐	50%☐
完成任务后使用的工具是否摆放、收纳整齐	是☐ 否☐	100%☐	70%☐	50%☐
完成任务后工位及周边的卫生环境是否整洁	是☐ 否☐	100%☐	70%☐	50%☐

3.4.6　任务反思

在分组实验时，如果有两组的同学配置ZigBee的PAN_ID组号和工作信道一致了，会发生什么问题？如何解决？

3.5 课后习题

▶▶ **选择题**

1. 在物联网网关的选择中,(   )是首要考虑因素。

A. 硬件性能   B. 软件功能   C. 安全性   D. 成本

2. 下列关于物联网网关与路由器的描述中,(   )项是错误的。

A. 物联网网关可以连接不同的通信协议

B. 路由器主要用于连接多个逻辑上分开的网络

C. 物联网网关主要负责数据的处理和转换

D. 路由器只能将数据发送到云端进行存储和处理

3. "云-边-端" 架构中,"端" 指的是(   )。

A. 终端设备   B. 云计算中心

C. 边缘计算节点   D. 网络传输设备

4. ZigBee在2.4GHz频段共定义了(   )个信道。

A. 10   B. 16   C. 20   D. 30

5. ZigBee可以建立新网络,保证数据的传输,这是由(   )完成的。

A. 网络层   B. 应用层   C. 传输层   D. 感知层

▶▶ **简答题**

1. 简述物联网数据管道的主要功能。

2. 简述智能网关与路由器的区别。

项目 4
南山隧道环境监测系统云平台配置与应用

随着我国基础建设加速，道路通行里程的增长，隧道占公路里程的比例越来越大，隧道数量也越来越多。隧道安全运营问题显得越来越突出，隧道内环境监测与控制成为保障道路安全通行的重要手段。南山隧道开通多年后，现在需要进行信息化提升改造，安装部署传感器，对隧道环境信息进行采集，并实现监测系统和隧道内其他系统的对接控制。通过对这些采集的数据进行分析和处理，做出及时准确的决策，减少交通事故的发生，为安全通行提供保障。

项目概述 ▶

在道路通行中，隧道的环境特殊，行驶条件特殊。隧道的安全性以及隧道管理的稳定性是隧道运营状况最重要的考核指标，因此隧道对通风、照明、交通控制等系统的要求非常高。隧道监测云平台主要负责隧道设备的接入、监测、控制，实现隧道管理的可视化、自动化、智能化。

通过隧道监测云平台实现对路段的隧道设备状态监测、隧道事件监测、隧道预案执行过程监测。通过数据上云、信息上云，实现对路段隧道的全时空监测，实现"数字隧道、安全隧道"的目标。

隧道监测云平台建成后能达到如下效果。

（1）降低监控人员数量，将路段隧道平台统一监管起来，通过信息采集服务接入和隧道内其他设备接入，可实现在中心集中监控管理。降低了成本，提高了效率。

（2）进一步提高公路隧道管理能力、保畅通及快速反应指挥能力。通过先进的物联网、大数据及云计算等技术手段，及时发现隧道内环境异常情况，并通过可变信息情报发布、交通诱导、风机控制等技术手段，实现公路隧道的突发事件得到及时处理。

针对南山隧道的改造需求，提出如下设计原则及系统功能设计方案。

1．设计原则

1）可靠性

系统的安全可靠运行是整个系统建设的基础，系统运行的可靠性要想得到保证，就要确保系统数据传输的正确性，以及为防止异常情况发生所必须采取的保护性措施。

2）稳定性

在系统建设中，要采用标准化、国内外优质产品，并保证在后续系统的升级或扩充过程中，对硬件设备安装，操作系统的应用，网络连接，故障检测、诊断及处理能正常进行，保证系统整体运行的稳定性。

3）开放性

系统建设采用的硬件平台、软件平台、网络协议等符合开放系统的标准，并能够与其他系统实现互联，应采用大多数厂商支持的国际、国家和行业标准协议，确保升级或扩充进入集成平台的系统与原有系统间具有良好的互联、互操作性能。

4）实用性

系统设计应针对不同的操作使用对象设计用户程序，方便操作人员和管理人员的工作；尽可能地尊重现有的管理模式和经验，使用户的实际运行惯例得以继承；新系统要尽可能利用现有的信息资源，并与之形成一个有机整体，减少使用者的工作强度。

2．隧道监测系统功能设计

隧道监测系统的功能多样化，满足日常隧道管理工作，综合而言，具备如下功能。

1）数据采集交换服务

数据采集交换服务负责采集路网主线外场监控设备（包括交通、环境、气象等）及隧道控制设备的数据参数和设备工作状态。

采集服务由多个设备采集服务模块组成，各模块独立运行互不干扰。每个采集服务主要包括3大通用模块：通信模块、设备协议通信模块、日志记录模块。

（1）通信模块：负责与客户端程序进行数据交互。接受用户操作指令并通过设备协议通信模块对外场设备下发协议指令；同时外场设备应答后将处理完成的数据通过该模块回复给客户端程序进行展示。

（2）设备协议通信模块：负责将用户操作指令与设备协议指令相互转换工作，并处理对外场设备的发送和接受指令订阅事件。

（3）日志记录模块：负责记录发送和接收的设备协议指令以及系统异常消息，并以文本的形式保存至本地硬盘。

2）环境信息显示

（1）公路主线环境信息。

环境信息是通过气象检测器获取公路主线外场的环境状况。环境信息以组态方式在云平台上进行环境状态的模拟显示。

气象检测器用于收集本路段的环境信息。气象检测器检测的环境信息包括风速、大气温度、大气湿度、路面积水、空气二氧化碳含量情况等。

（2）隧道内环境信息。

隧道内的环境信息的检测内容主要包括以下几项。

① 隧道内温湿度、水浸、二氧化碳检测值。通过二氧化碳传感器检测隧道内的温湿度值、二氧化碳浓度、水浸，检测结果为隧道通风控制提供依据。

② 隧道外风速测值。通过风速传感器检测隧道外的风速数据，检测结果为隧道外通行控制提供依据。

③ 隧道光强检测值。通过洞内、洞外光强检测器检测隧道内外的光强，检测结果为隧道照明控制提供依据。

3）照明控制

照明控制是对隧道内照明灯具的开关进行显示和控制。系统以组态方式在云平台上进行照明状态的模拟显示和控制。

对于照明的控制包括本地控制和远程控制两种方式，只有照明控制处于远程控制状态时，才能通过监控系统对照明进行调节。远程控制又包括手动和自动两种方式。

（1）手动控制。

远程手动控制在监控中心在云平台界面上进行。操作员可根据光强数据或目测判断，通过操作模拟界面控制照明回路开关。

（2）自动控制。

自动控制是根据实测的隧道内外亮度值，分级、实时、自动调节洞内的照明等级，从而达到正常照明和节能的双重目的。照明等级的划分主要按实测的光照度/光亮度检测仪测得的洞外亮度值为主要依据进行照明等级划分。其中划分照明等级的阈值可在系统运行过程中调整，洞内照明度未达到标准时产生报警。

4）隧道通风控制

通风控制是对隧道内的风扇进行显示和控制的功能。对于长隧道来说，良好的通风环境是安全舒适行车的重要指标。系统以组态的方式在地图上进行风扇状态的模拟显示和控制。

对于风扇的控制包括本地控制和远程控制两种方式，只有风扇控制处于远程控制状态时，才能通过云平台对风机状态进行调节。风机状态包括正转、停转。远程控制又包括手动和自动两种方式。

（1）远程手动控制。

手动控制是云平台上手动控制隧道风扇的正转、停止功能。

（2）远程自动控制。

自动控制是将环境检测设备（主要是温湿度、二氧化碳浓度检测器）的数据，作为判断隧道空气质量状况的依据，按照预先设定的阈值调节风扇的状态。系统可以设定温度、二氧化碳浓度阶梯阈值，浓度每达到一个阈值就启动相应数量的风扇进行送风；在空气质量良好的情况下就可以关闭风机，节约能源，延长风机寿命。

5）隧道流量限行系统

隧道流量限行系统是对直流电动推杆进行状态显示或控制。系统以组态形式在云平台上进行限行状态的模拟显示和控制。

打开和关闭直流电动推杆命令由上位机控制完成。上位机发出打开（即向前）、关闭（即向后）的命令，由继电器互锁原理控制直流电动推杆的前进或后退，实现道路的通行或封闭。

6）事件监测及处理

支持人工输入、事件监测设备等多种事件触发，自定义触发源及联动触发方案。

7）丰富的内置及应急预案管理

系统内置环境监测及通风系统联动预案、隧道路况分析及视频、广播、情报板联动预案等各类预案。支持触发、定时、人工等多种方案类型的定义，可实现各种异常情况报警和记录，对多种设备进行联动控制。提供定义界面，对触发设备进行配置，包括目前监控系统的所有主流设备气象站、事件，并可对定义的预案进行模拟执行，验证效果。

8）信息发布及智能管理

支持单点发布、批量发布、组合发布等多种信息发布方式，支持所有信息的发布管理，并提供信息墙显示功能，使用户对情报板正在发布的信息一目了然。

知识储备

物联网云平台作为现代数字化时代的重要产物，其强大的能力已经深入到各行业和领域。无论是计算、存储、网络，还是软件开发、数据分析、业务流程管理，云平台都能够提供全面而高效的解决方案。未来，随着技术的不断进步和创新，云平台的能力还将进一步拓展和提升。

首先，要了解云平台的基本能力。计算、存储和网络是云平台的三大核心能力。通过这些能力，用户可以获得虚拟机和容器等计算资源，满足各种应用程序的运行需求。同时，云平台还提供分布式存储和对象存储等存储服务，确保数据的安全性和可靠性。在网络方面，高速、稳定、安全的网络连接则是云平台不可或缺的基石。物联网平台主要提供以下能力。

物联网云平台是一种集成了硬件、通信传输、云组态、云监测等功能的智慧物联网平台，具备设备接入、组态服务、运维管理、数据统计与分析、应用开发等功能。

这些功能具体包括如下几项。

（1）设备接入和管理：物联网云平台可以接入多种类型的物联网设备，并对其进行注册和管理。管理人员可以通过平台对设备进行远程监控和管理，例如执行设备配置、升级和维护等操作。

（2）组态服务：物联网云平台提供组态设计工具，用户可以根据自己的需求对物联网设备进行组态设计，实现设备的可视化管理和控制。

（3）运维管理：物联网云平台提供运维管理功能，包括实时数据监控、报警通知、远程调试等，帮助用户实现高效的设备运维管理。

（4）数据统计与分析：物联网云平台可以对设备产生的数据进行统计和分析，帮助用户挖掘数据价值，为业务决策提供数据支持。

（5）应用开发：物联网云平台提供开放的开发接口，用户可以根据自己的需求进行应用开发，实现物联网设备的定制化应用。

（6）故障诊断与恢复：物联网平台具备强大的故障诊断和恢复能力，可以在设备或网络出现故障时快速恢复数据的传输和处理。平台还提供故障预警和报警功能，及时发现并处理故障。

（7）日志与监控：物联网平台提供完整的日志和监控功能，方便用户实时查看设备的状态、数据的传输和处理情况。通过日志和监控，用户可以及时发现并解决问题。这些能力的组合使得物联网云平台成为连接和管理海量设备的关键工具，推动物联网技术在各行业的应用和发展。

（8）云平台交互界面简洁、直观：图形界面可直观展示设备、环境等最新数据，对各类历史数据可进行多种条件查询，以及报表预览打印。通过对历史数据的深度挖掘分析统计，可生成形式多样的图形报表，为管理人员提供强有力的辅助决策依据。

（9）策略支持帮助管理者进行科学有效的管理：决策辅助系统是针对高速公路营运管理而设计的，能够更加清楚和直观地把信息展现给管理者，用户可以很方便通过分析结果制定有效的决策方案。

学习目标

1. 知识目标

（1）理解物联网云平台的基本概念和原理，包括物联网（IoT）和云计算的基本知识，以及物联网云平台的作用和价值。

（2）了解物联网云平台的体系结构和关键技术，包括物联网设备的连接和管理、数据存储和处理、应用开发和部署等方面。

（3）掌握物联网云平台的一些常见服务和应用，例如数据分析和挖掘、智能家居、智能制造、智慧城市等。

（4）了解物联网云平台的安全性和隐私保护问题，以及如何保障数据安全和隐私。

（5）掌握物联网云平台的一些最佳实践和案例，以便更好地理解和应用所学知识。

2. 技能目标

（1）能够在云平台上创建设备，根据场景设置适合的参数，实现设备及数据接入管理。

（2）能够对云平台上创建的设备资源进行划分，实现设备分组管理。

（3）能够对云平台上创建的用户信息进行资源权限划分，实现用户分组管理。

（4）能够使用云平台对可视化组件进行划分、布局，生成WebAPP或数据可视化大屏。

（5）能够在云平台上汇总生成、导出、备份数据或日志报表，实现设备、系统运行情况简单分析。

4.1 任务1 隧道内环境监测改造——云平台设备管理

4.1.1 任务工单与任务准备

4.1.1.1 任务工单

隧道内环境监测改造——云平台设备管理的任务工单如表4-1所示。

表4-1 任务工单

任务名称	隧道内环境监测改造——云平台设备管理	学时	4	班级	
组别		组长		小组成绩	
组员姓名			组员成绩		
实训设备	桌面式实训操作平台	实训场地		时间	
课程任务	对隧道内的环境进行监测改造				
任务目的	利用物联网技术实现对隧道内环境监测系统的改造,并将隧道内部的环境数据上传到云平台进行显示				
任务实施要求	安装温湿度传感器、二氧化碳传感器、水浸传感器、照明、强排风扇、换气风扇、联动控制器、射频链路器。对数据传感器及采集模块进行配置,并将数据上传到云平台进行设备分组				
实施人员	以小组为单位,成员2人				
结果评估(自评)	完成□ 基本完成□ 未完成□ 未开工□				
情况说明					
客户评估	很满意□ 满意□ 不满意□ 很不满意□				
客户签字					
公司评估	优秀□ 良好□ 合格□ 不合格□				

4.1.1.2 任务准备

完成与生产环境改造相关的资料收集任务,安装需要的设备,具体任务准备工作如表4-2所示。任务拓扑图如图4-1所示。设备参数表如表4-3所示。

表4-2 隧道内环境监测改造准备清单

序号	类型	内容	是否合格
1	整体设计	隧道内环境监测系统拓扑图、接线图等图纸准备工作	
2	工具选型	安装工具：一字螺丝刀、十字螺丝刀、剥线钳、网线钳，压线钳。 检测工具：万用表	
3	设备选型	温湿度传感器：1个，型号：ITS-IOT-SOKTHA。 二氧化碳传感器：1个，型号：ITS-IOT-SOKCOA。 水浸传感器：1个，型号：ITS-IOTX-SS-WSJN01-A。 排风扇：2个。 照明灯：1个。 联动控制器：1个，型号：ITS-IOTX-CT-SWC4DS-A。 射频链路器：1个，型号：ITS-IOTX-NT-GW24WF-A	
4	辅材	电源线、信号线、接线端子、白色绝缘胶布、网线、安装螺丝、螺母、垫片等	

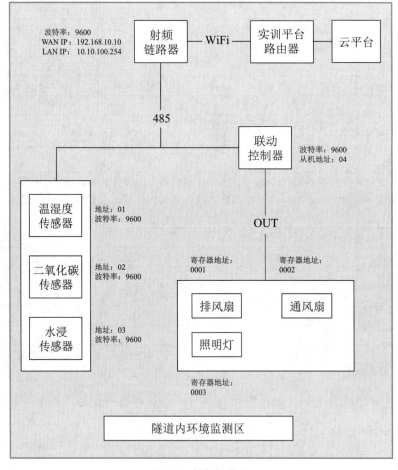

图4-1 任务拓扑图

表4-3　设备参数表

序号	设备名称	分组	地址参数	说明
1	温湿度传感器	隧道内	2	9600波特率
2	二氧化碳传感器	隧道内	3	9600波特率
3	水浸传感器	隧道内	5	9600波特率
4	联动控制器	隧道内	4	9600波特率
5	射频链路器	隧道内	/	9600波特率
6	风扇	隧道内	12V	
7	照明灯	隧道内	12V	
8	路由器	隧道内	配置WAN口、LAN口	

4.1.2　任务目标

（1）通过温湿度传感器，可以实时监测隧道内温度以及湿度变化，并将温湿度值通过射频链路器上传到云平台，在云平台上对温度值与湿度值进行组态可视化操作，当监测到隧道内温度大于30℃，通过云平台控制多模链路器向联动控制器发送打开通风扇指令，控制风扇打开，对隧道内进行降温，当监测到隧道内湿度过高时，通过云平台控制多模链路器向联动控制器发送打开排风扇指令，控制风扇打开，对隧道内进行排湿，降低隧道内的湿度值，通过云平台的监测和控制使隧道内的温度及湿度保持恒值。

（2）通过二氧化碳传感器监测隧道内汽车排放尾气的二氧化碳浓度，通过射频链路器将二氧化碳实时值显示到云平台，在云平台上对二氧化碳值进行组态可视化操作，当监测到二氧化碳的浓度过高时，通过云平台控制多模链路器向联动控制器发送打开排风扇指令打开排风扇，降低隧道内的二氧化碳浓度值。

（3）通过水浸传感器实时监测隧道路面水位情况，并将水浸传感器状态通过射频链路器将数据上传到云平台，在云平台上进行组态可视化操作，当监测到隧道内水位高时，通过云平台将采集信息通过短信、邮件方式发送给公路管路中心负责人，同时通过联动控制器控制隧道外的报警灯变成红色，同时打开电动推杆在隧道口进行限制通行（可通过隧道外场景进场安装配置）。

4.1.3　任务规划

根据所学温湿度传感器、二氧化碳传感器、水浸传感器等传感器安装与调试的知识，联动控制器的安装与调试，射频链路器的安装与调试以及工具的使用和接线的标准，制订并完成本次任务的实施计划。计划的具体内容可以包括任务前准备、分工等，任务中的具体实施步骤，以及任务完成后的总结等内容。任务规划表如表4-4所示。

表4-4　任务规划表

任务名称	隧道内环境监测改造——云平台设备管理	
任务计划	安装温湿度传感器、二氧化碳传感器、水浸传感器等传感器，排、通风扇，LED灯泡及联动控制器并完成接线和配置，通过射频链路器将获取的传感器数据上传到云平台，同时配置云平台，可以实时查看传感器值以及控制灯泡和风扇	
达成目标	在云平台上获取到传感器数据，能够远程控制执行器动作	
序号	任务内容	所需时间/分钟
1	参照项目要求以及隧道内环境监测系统拓扑图准备所需要的工具、设备以及耗材	15
2	参照项目隧道内环境监测系统拓扑图，选择合适区域以及相应螺丝、螺母和固定件对设备进行合理安装	30
3	选择合适线材，剪裁到合适长度，并在两端按照标准压接接线端子，接入各设备的信号线及电源线	30
4	选择合适长度的网线，按照T568B在两端压接水晶头，使用压接好的网线连接路由器、射频链路器，完成对整体网络的搭建	15
5	项目所选传感器为RS485型传感器，通过所学知识对传感器进行地址配置，配置联动控制器的地址、配置射频链路器，将射频链路器与云平台连接	40
6	在云平台按照分组的方式添加设备，并配置相关参数和设备名称	40
7	在云平台显示隧道内传感器的数据	10

4.1.4　任务实施

4.1.4.1　设备安装与配置

（1）在隧道内部按照任务工单和任务规划表完成设备的安装和连接，如图4-2所示。

图4-2　安装完成图

（2）按照设备参数表对设备进行配置。

4.1.4.2 云平台配置

1. 创建项目和分组
1）创建项目

在左侧主菜单中单击"设备管理"按钮，选择"项目分组"选项，创建"项目名称"为"南山隧道环境监测系统"，如图4-3所示。

图4-3　创建项目

2）添加分组

（1）选择"南山隧道环境监测系统"项目，在右侧单击"添加分组"按钮，添加"南山隧道"分组。"上级分组"选择"默认分组"选项，并设定"排序"为1，单击"保存"按钮，如图4-4所示。

图4-4　添加分组

（2）添加下级分组。

在项目分组中选择"南山隧道"选项，在右侧找到并单击"添加下级分组"按钮，如图4-5所示。

图4-5　添加下级分组

（3）填写分组信息。

设置"分组名称"为"内部隧道"、"排序"为分组顺序、"分组描述"为关于南山隧道环境监测系统内部项目的简要描述，单击"保存"按钮，如图4-6所示。

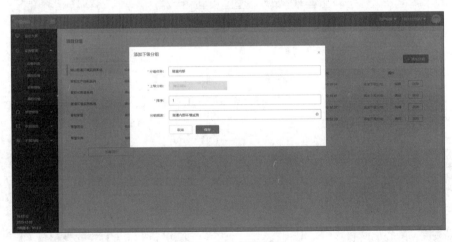

图4-6　填写分组信息

（4）按照上述步骤重复操作，建立隧道外部分组，具体结果如图4-7所示。

2. 设备添加

1）添加射频链路器设备

（1）在填写设备信息的过程中，按照以下步骤进行操作，如图4-8所示。

步骤1：填写设备名称。

进入设备添加或编辑界面。在相应字段中填写设备名称为"内部射频链路器"。

图4-7　完成添加

图4-8　设备添加

步骤2：选择项目分组。

在项目分组中选择"南山隧道环境监测项目"下的"南山隧道"选项。进一步选择"隧道内部"分组，这是因为设备安装在隧道内部。

步骤3：选择SN不支持选项。

在填写设备的SN时，由于射频链路器不支持SN，找到并选择"SN不支持"选项。确保系统理解设备类型且不会要求输入SN。单击"下一步"按钮，如图4-9所示。

（2）选择模板。

在进行添加模板设置的过程中，按照以下步骤进行操作。

步骤1：新建模板。

找到并单击"新建模板"按钮，以开始创建一个新的设备模板。

图4-9　设备添加

步骤2：填写模板名称和选择通信协议。

在新建模板的界面中，找到相应字段，如图4-10所示，填写所需的模板名称，例如"内部多模链路器"。在通信协议中选择ModbusPLC选项，并在其下选择具体的通信协议，这里选择ModbusRTU选项。在采集方式中选择"云端"选项，以指定设备的数据采集方式。

图4-10　新建模板

步骤3：确认并添加。

完成模板名称和通信协议的设置后，找到并单击"确认添加"按钮，以完成新建模板的操作。

通过以上步骤，成功地创建了一个新的设备模板，并设置了模板的名称、通信协议以及采集方式。用户在后续添加设备时可以选择该模板，无须再次进行配置等操作，简化了设备添加的流程，如图4-11所示。

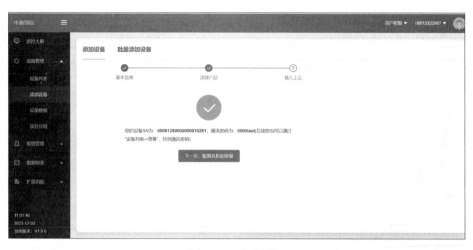

图4-11　完成添加

注意:

这里需要记录设备ID和通信密码, 在射频链路器的配置中"串口及网络协议设置"页面设置如图4-12所示。后面也可以在设备列表里查看。

图4-12　串口及网络协议设置

2) 添加联动控制器

(1) 在添加联动控制器时请按照以下步骤进行。

步骤1: 在"设备管理"中单击"设备管理"按钮。

步骤2: 单击"设备模板"按钮进入"设备模板"界面。

步骤3: 选择项目。

在"设备管理"界面的下拉列表中选择当前项目。从"设备模板"项目下拉列表中找到并选择"南山隧道环境监测项目"选项。

通过上述步骤，能够成功进入"设备管理"界面并选择指定的设备模板，例如"南山隧道环境监测项目"，就可以对该项目进行相关配置和管理操作，如图4-13所示。

图4-13　选择项目

（2）进入设备添加界面。

单击"内部射频链路器"按钮，进入"设备模板"的编辑界面，如图4-14所示。

图4-14　进入"设备模板"编辑界面

（3）填写设备信息。

在"添加从机"界面编辑设备信息。打开"编辑从机"下拉列表框，并填写相关设备信息，具体填写格式如下。

在"从机名称"输入框中输入设备名称为"内部联动控制器"。"从机地址"输入框中填写254。这个地址通常是设备在系统中的唯一标识，确保与实际设备的配置一致。

单击"确认"按钮，确保在编辑完设备信息后保存更改，以便设备模板能够正确地反映内部射频链路器的配置，如图4-15所示。

图4-15　填写设备信息

通过以上步骤，能够成功地编辑内部射频链路器的设备模板，确保设备信息准确填写，以便系统能够正确识别和控制内部联动控制器。

（4）添加联动控制器变量。

① 添加变量。

在左侧从机列表中选择内部联动控制器，在右侧变量列表中选择"添加变量"选项，单击进入变量添加页面。

② 填写变量信息，如图4-16所示。

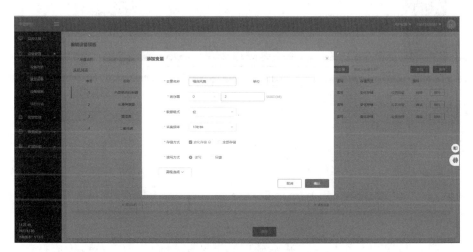

图4-16　填写变量信息

变量名称：输入变量的名称，例如"强排风扇"。

单位：指定变量的单位，如温度单位为摄氏度（℃）、风速单位为米/秒（m/s）等。

寄存器地址：输入设备对应的寄存器地址，例如"0002"。

数据格式：选择变量的数据格式，根据实际情况选择合适的数据格式，例如"位"表示布尔值，还可以选择整数、浮点数等。

采用频率：设置数据采样的频率，例如"10秒钟"表示每10秒采集一次数据。

存储方式：选择数据的存储方式，通常可以选择在设备本地存储或通过网络传输到云端等。

读写方式：根据需求选择读写方式，采用"读写"方式表示可以对该变量进行读取和写入操作。

完成上述步骤后，确保保存配置信息。这样，就成功地添加了一个设备，并设置了相应的变量信息，使其能够准确地采集和存储数据，如图4-17所示。

3）添加传感器

（1）添加水浸传感器。

在添加从机并填写基本信息时，确保按照以下步骤进行配置，以成功设置水浸传感器的相关参数，如图4-18所示。

步骤1：添加从机。

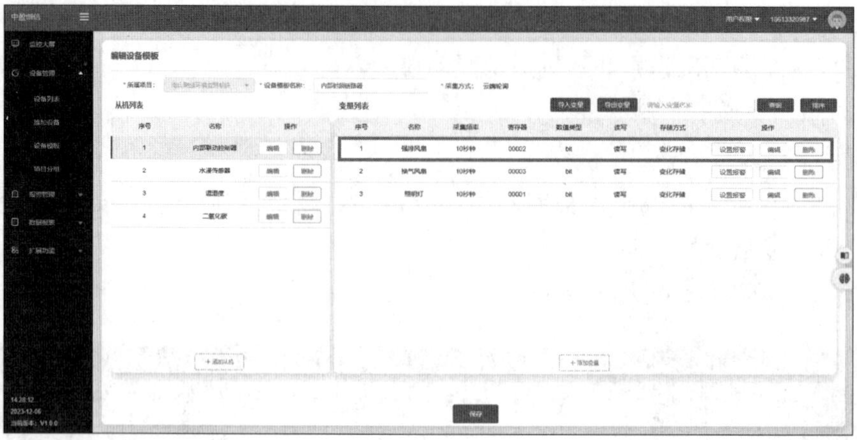

图4-17　完成添加

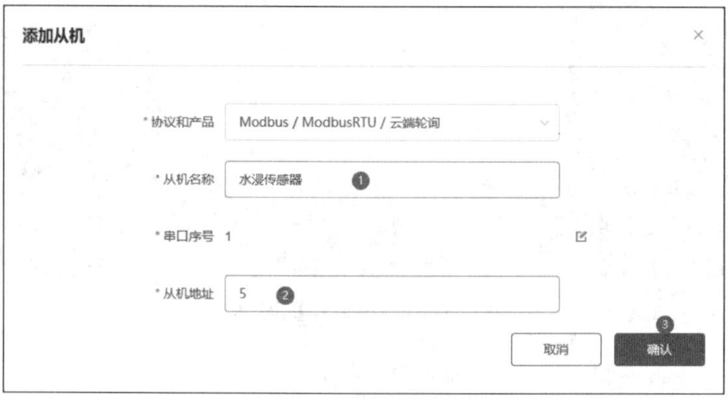

图4-18　添加从机

单击"设备管理"按钮，然后单击"设备模板"按钮，找到"添加从机"选项，单击进入从机添加页面。

步骤2：填写从机基本信息。

协议选择：在协议选项中，选择"ModbusModbusRTU/云端查询"协议，确保与水浸传感器的通信协议相匹配。

从机名称：填写从机的名称，例如"水浸传感器"。

从机地址：输入水浸传感器的设备地址，这个地址通常由自己设定，确保与水浸传感器实际的通信地址相符。

单击"确认"按钮，确保保存填写的基本信息，以便系统能够正确识别并与水浸传感器建立通信连接。

完成上述步骤后，就成功地添加了水浸传感器作为一个从机，并配置了相关的协议和基本信息，使系统能够与该传感器进行有效的通信。

（2）添加环境变量

① 添加变量。

在左侧从机列表中选择"水浸传感器"选项，在右侧变量列表中选择"添加变量"选项，单击进入变量添加页面。

② 填写变量信息，如图4-19所示。

图4-19　填写变量信息

变量名称：输入变量的名称，例如"水浸传感器"。

单位：指定变量的单位，如温度单位为摄氏度（℃）、风速单位为米/秒（m/s）等。

寄存器地址：输入设备对应的寄存器地址，例如4003。

数据格式：选择变量的数据格式，根据实际情况选择合适的数据格式，例如"16位无符号"表示布尔值，还可以选择整数、浮点数等。

采用频率：设置数据采样的频率，例如"10秒钟"表示每10秒采集一次数据。

存储方式：选择数据的存储方式，通常可以选择在设备本地存储或通过网络传输到云端等。

读写方式：根据需求选择读写方式，采用"读写"方式表示可以对该变量进行读取和写入操作。

完成上述步骤后，确保保存配置信息。这样就成功地添加了一个设备，并设置了相应的变量信息，使其能够准确地采集和存储数据。

4）完成设备添加

继续在云平台添加剩下的设备：温湿度传感器、二氧化碳传感器、换气风扇和照明灯。

5）设备的调试

（1）单击"监控大屏"按钮。

在左侧导航栏找到并单击"监控大屏"按钮，进入监控大屏，如图4-20所示。

（2）选择设备。

步骤1：选择项目。

找到并选择项目的选项。选择项目，例如"南山隧道环境监测系统"。

图4-20　进入监控大屏

步骤2：选择设备。

在界面中找到我的分组选择的选项。选择设备，例如"内部射频链路器"。

步骤3：放大历史信息栏。

单击放大的选项可放大历史信息栏的显示，如图4-21所示。

图4-21　监控大屏

（3）选择传感器。

步骤1：单击历史数据。

步骤2：选择设备，例如"温湿度"。

步骤3：选择变量，例如"温度"。

（4）实时数据显示。

在云组态监控大屏右侧实时控制窗口，可以看到传感器采集到的信息，并且可以手动控制设备的打开或关闭，如图4-22所示。

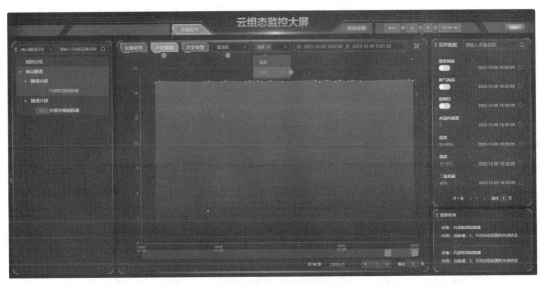

图4-22　信息显示

4.1.5　任务评价

任务完成后，填写任务评价表，如表4-5所示。

表4-5　任务评价表

检查内容	检查结果	满意率		
设备选型是否正确	是□　否□	100%□	70%□	50%□
设备安装是否符合规范	是□　否□	100%□	70%□	50%□
设备接线端子、线型选择是否正确	是□　否□	100%□	70%□	50%□
云平台是否监测到实时数据	是□　否□	100%□	70%□	50%□
云平台是否可以手动控制执行器设备	是□　否□	100%□	70%□	50%□
完成任务后使用的工具是否摆放、收纳整齐	是□　否□	100%□	70%□	50%□
完成任务后工位及周边的卫生环境是否整洁	是□　否□	100%□	70%□	50%□

4.1.6　任务反思

通过查阅资料，思考隧道内再增加哪些传感器可以更加全面地监测隧道环境，增加什么执行设备可以更好地提高隧道环境安全？根据增加的想法，绘制合理的拓扑图。

4.2 任务2 隧道外环境监测改造——云平台数据呈现

4.2.1 任务工单与任务准备

4.2.1.1 任务工单

隧道外环境监测改造任务工单如表4-6所示。

表4-6 任务工单

任务名称	隧道外环境监测改造	学时	4	班级	
组别		组长		小组成绩	
组员姓名			组员成绩		
实训设备	桌面式实训操作平台	实训场地		时间	
客户任务	对隧道外环境监测系统进行改造				
任务目的	利用物联网技术实现隧道外环境监测系统改造,并将环境数据上传到云平台进行可视化显示				
任务实施要求	安装风速传感器、三色灯、联动控制器、中间继电器、电动推杆、多模链路器。对数据传感器及采集模块进行配置,将数据上传到云平台进行设备分组,将设备控制上传到云平台				
实施人员	以小组为单位,成员2人				
结果评估(自评)	完成□ 基本完成□ 未完成□ 未开工□				
情况说明					
客户评估	很满意□ 满意□ 不满意□ 很不满意□				
客户签字					
公司评估	优秀□ 良好□ 合格□ 不合格□				

4.2.1.2 任务准备

完成与隧道外环境监测改造项目相关的资料收集任务,安装需要的设备,具体任务准备工单如表4-7所示。任务拓扑图如图4-23所示。

表4-7 隧道外环境监测改造准备工单

序号	类型	内容	是否合格
1	整体设计	隧道外环境监测系统拓扑图、接线图等图纸准备工作	
2	工具选型	安装工具：一字螺丝刀、十字螺丝刀、剥线钳、网线钳、压线钳。 检测工具：万用表	
4	设备选型	风速传感器：1个，型号：ITS-IOTX-SS-LFSN01-A。 中间继电器：1个，型号：ITS-IOTX-CT-CHH53P-A。 电动推杆：1个，型号：ITS-IOTX-EX-MNG-12-A。 联动控制器：1个，型号：ITS-IOTX-CT-SWC4DS-A。 多模链路器：1个，型号：ITS-IOTX-NT-GW24WE-A。 三色灯：1个	
5	辅材	电源线、信号线、接线端子、白色绝缘胶布、网线、安装螺丝、螺母、垫片等	

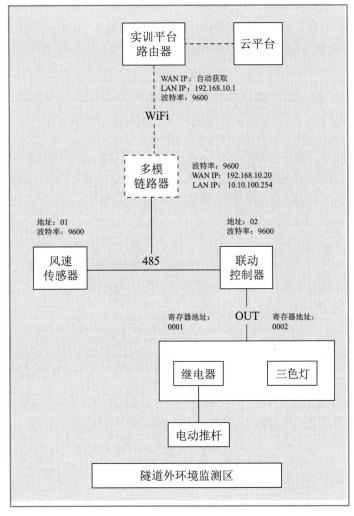

图4-23 任务拓扑图

4.2.2 任务目标

对隧道外环境数据监测进行改造的目标如下。

（1）在隧道外加装风速传感器、三色灯，当监测到室外风速过高时，将数据发送到公路管理中心，对公路车辆进行限流或者限行。

（2）隧道内实时监测水浸数据实时变化，当监测到隧道内有积水情况，水浸传感器进行报警，将数据发送到公路管理中心，并打开隧道口道路限行杆（用电动推杆代替）进行交通管制，待隧道内安全后关闭道路限行杆，恢复道路通行。

4.2.3 任务规划

根据所学相关安装与调试的知识，制订并完成本次任务的实施计划。计划的具体内容可以包括任务前准备、分工等，任务中的具体实施步骤，以及任务完成后的总结等内容。任务规划表如表4-8所示。

表4-8 任务规划表

项目名称	隧道外环境监测系统改造	
任务计划	安装风速传感器、三色灯、电动推杆、中间继电器及联动控制器，并完成接线和配置，通过多模链路器将获取的传感器数据上传到云平台，同时配置云平台进行数据操作，可以实时查看传感器值，以及控制电动推杆的前进、后退和三色灯的绿色和红色	
达成目标	在云平台获取传感器以及执行器状态后，在云平台上编辑策略，根据项目1中温度大于限定值、湿度大于限定值和水浸传感器的状态，控制风扇、灯泡、电动推杆、三色灯的运行	
序号	任务内容	所需时间/分钟
1	参照项目要求以及隧道外环境监测系统拓扑图，准备所需工具、设备以及耗材	15
2	参照项目隧道外环境监测系统拓扑图，选择合适区域以及相应螺丝、螺母、固定件对设备进行合理安装	30
3	选择合适线材，剪裁到合适长度，并在两端按照标准压接接线端子，接入各设备的信号线及电源线	30
4	选择合适长度的网线，按照T568B在两端压接水晶头，使用压接好的网线连接路由器、多模链路器，完成对整体网络进行搭建	15
5	项目所选传感器为RS485型传感器，通过所学知识对传感器进行地址配置，配置联动控制器的地址和多模链路器的配置，将多模链路器与云平台连接	30
6	在云平台上安装配置隧道外部设备	30
7	在云平台调试设备	5
8	在云平台导出设备数据	5
9	在云平台添加报警处理	20

4.2.4　任务实施

4.2.4.1　设备安装与配置

按照任务工单、任务拓扑图完成设备安装调试。

4.2.4.2　数据可视化呈现

1．组态设计

1）进入组态设计界面

步骤1：找到"设备管理"按钮。

在左侧导航栏中找到并单击"设备管理"按钮。

步骤2：进入"设备模板"管理界面。

在"设备管理"下有一个"设备模板"选项，单击"设备模板"按钮进入"设备模板"管理界面。

步骤3：找到"组态设计"按钮。

在"设备模板"界面中找到并单击"组态设计"按钮，进入如图4-24所示的"组态设计"界面。

图4-24　单击"组态设计"按钮

2）开关控件的使用

步骤1：摆放开关控件。

在"组态设计"界面找到控制元件工具栏。从工具栏中找到开关控件。拖曳开关控件到目标位置。

步骤2：设置数据来源。

选中刚刚拖曳的开关控件，在数据面板中找到数据来源。设置数据来源，例如，设置"从机"为"联动控制器"，设置"变量"为"闸机"，如图4-25所示。

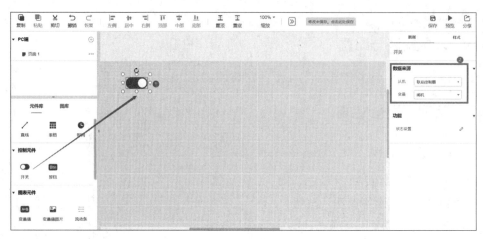

图4-25　开关控件

3）数据曲线图的使用

（1）摆放"数据曲线图"控件，如图4-26所示。

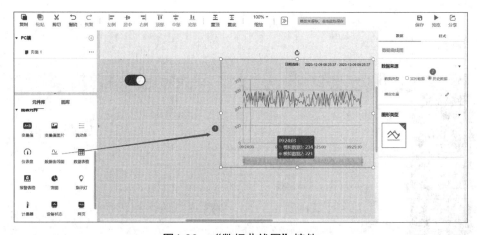

图4-26　"数据曲线图"控件

步骤1： 从图表"元件库"添加数据曲线图。

在"组态设计"界面中找到"图表元件"工具栏。在工具栏中找到"数据曲线图"元件，拖曳"数据曲线图"元件到相应位置。

步骤2： 设置"数据来源"为"历史数据"。

选中刚刚添加的"数据曲线图"元件，找到"数据来源"选项，设置"数据来源"为"历史数据"。

（2）进入"绑定变量"界面，绑定数据来源，如图4-27所示。

（3）设置数据曲线功能。

填写具体参数，例如"模板"为"外部多模链路器"、"对应从机"为"风速"、"变量"为"风速"，如图4-28所示。

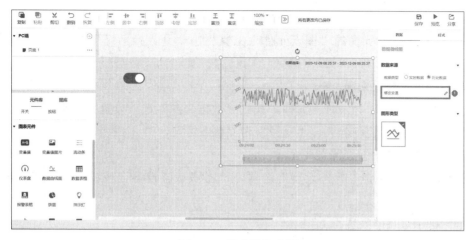

图4-27　绑定数据来源

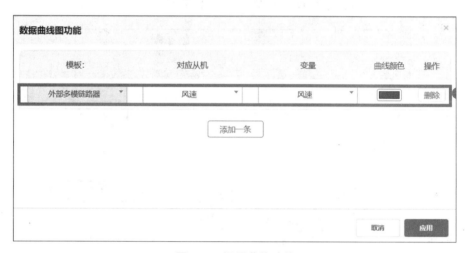

图4-28　设置曲线功能

4）指示灯控件的使用

（1）摆放"指示灯"控件，如图4-29所示。

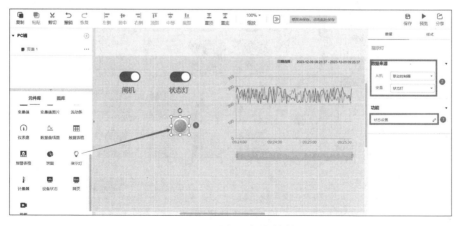

图4-29　"指示灯"控件

步骤1：从图表"元件库"添加"指示灯"。

在"组态设计"界面的"图表元件"工具栏中找到"指示灯"元件。拖曳"指示灯"元件到相应位置。

步骤2：设置数据来源。

选中刚刚添加的"指示灯"元件，找到"数据来源"选项设置数据来源，例如，设置"从机"为"联动控制器"、"变量"为"状态灯"。

步骤3：进入"状态设置"界面。

在数据面板中找到"状态设置"选项。单击"状态设置"按钮进入"状态设置"界面。

（2）指示灯功能设置。

① 展示图片设置。

单击想要修改的图片，进入图片选择界面，如图4-30所示。

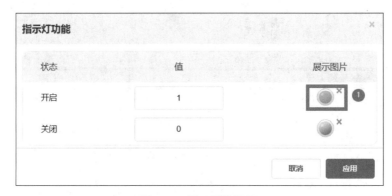

图4-30　展示图片设置

② 选择图片。

选中"图库图形"单选按钮，在图库中找到并选择 "指示灯"选项。选择想要的指示灯样式。在图片界面找到并单击"应用"按钮，如图4-31所示。

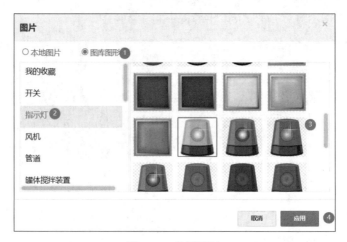

图4-31　选择图片

5）保存

保存如图4-32所示的组态界面。

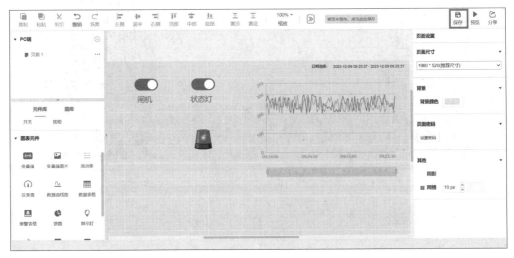

图4-32 保存组态

6）组态设计呈现

（1）进入监控大屏。

单击"监控大屏"按钮，进入如图4-33所示的"监控大屏"界面。

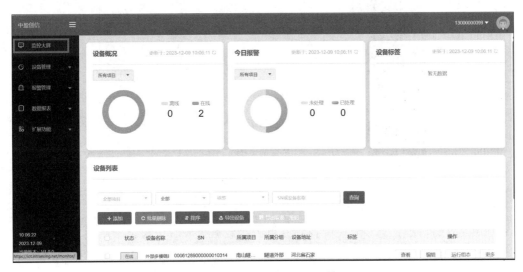

图4-33 进入"监控大屏"界面

（2）选择组态，如图4-34所示。

步骤1：选择项目。

选择项目，例如"南山隧道环境监测"。

步骤2：选择设备。

选择设备，例如"外部多模链路器"。

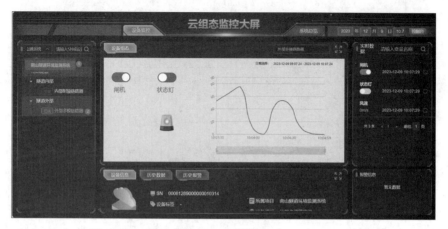

图4-34　选择组态

2. 数据报表查看

1）历史记录

（1）在查看设备数据的历史记录时，请按照以下步骤进行，如图4-35所示。

图4-35　选择设备

步骤1：单击"数据报表"按钮。

进入主界面，在左侧导航栏中找到并单击"数据报表"按钮。

步骤2：单击"历史记录"按钮。

在数据报表中找到并单击"历史记录"按钮，以查看设备的历史数据。

步骤3：选择想要查看的设备数据。

在"历史记录"界面中的"设备"框中选择响应设备。从设备列表中选择想要查看历史记录的特定设备。根据系统设计，可能需要进一步选择日期范围或其他筛选条件，确保找到所需的历史数据。

通过以上步骤就能够成功地进入数据报表，查看设备的历史记录。注意，具体的步骤可能会由于系统设计和界面布局的不同而有所变化。

（2）选择从机和变量。

步骤1：选择从机，如图4-36所示。

图4-36　选择从机

在历史记录界面中找到并单击"从机"按钮。在"从机"下拉列表中选择要查看历史数据的具体设备。

步骤2：选择具体变量，如图4-37所示。

图4-37　选择变量

选择了从机后，系统通常会显示该从机支持的变量列表。单击"变量"下拉按钮，例如，如果从机是温湿度传感器，就可以在变量下拉列表中看到"温度"和"湿度"等选项。

选择想要查看的具体变量，例如"温度"或"湿度"。

步骤3：查看历史数据。

选择完成后单击"查询"按钮查看数据。

通过以上步骤，就可以看到如图4-38所示的历史数据折线图。

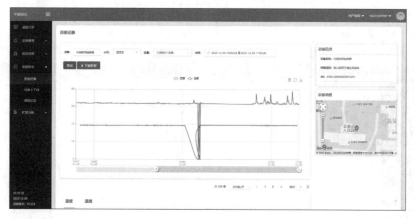

图4-38 历史数据

（3）查看数据视图。

单击数据视图，在历史记录界面可直观地看到所选传感器的数据报表，如图4-39所示。

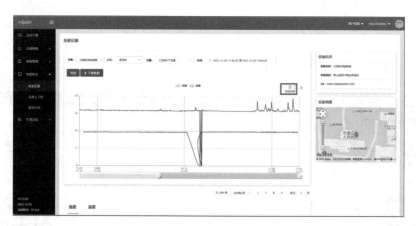

图4-39 进入数据视图

数据视图呈现结果如图4-40所示。

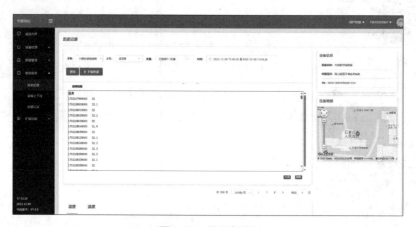

图4-40 数据视图

2）设备在线记录查询

步骤1：单击"数据报表"按钮。

在左侧导航栏中找到并单击"数据报表"按钮。

步骤2：打开"设备上下线"界面。

在"数据报表"界面中找到并单击"设备上下线"按钮。

步骤3：选择设备和时间。

在"设备上下线"界面选择对应的设备，从设备列表中选择想要查看的具体设备。选择时间范围，以指定想要查看设备上下线记录的时间段。

步骤4：查看设备上下线记录。

确认选择无误后，单击"查询"按钮触发查看设备上下线记录的操作。系统将显示所选设备在指定时间范围内的上下线记录。

通过以上步骤，就能够在数据报表中查看设备的上下线记录。这样可以清晰地显示设备的连接状态和在线时长，如图4-41所示。

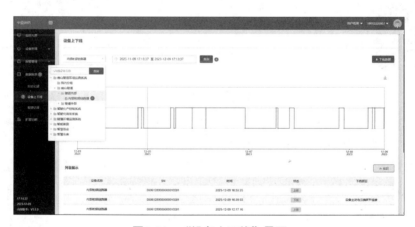

图4-41　"设备上下线"界面

3）数据导出

（1）进入"历史记录"界面，如图4-42所示。

图4-42　"历史记录"界面

步骤1：单击"数据报表"按钮。

在左侧导航栏中找到并单击"数据报表"按钮。

步骤2：单击"历史记录"按钮。

在"数据报表"界面中找到并单击"历史记录"按钮。

（2）选择设备、从机和变量。

步骤1：选择变量，如图4-43所示。

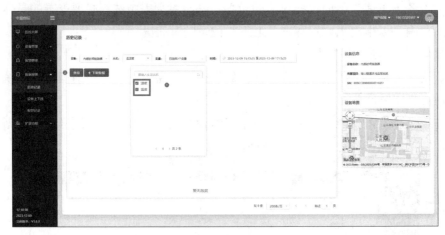

图4-43　选择变量

在"历史记录"界面中按照之前的步骤选择所需的设备、从机和变量。

步骤2：单击"查询"按钮。

选择好设备、从机和变量后，系统通常会提供一个"查询"按钮或选项。单击"查询"按钮，以获取所选设备、从机和变量在系统中的历史数据。

（3）下载数据。

单击"查询"按钮后，单击"下载数据"按钮可导出所选传感器的历史数据，如图4-44所示。

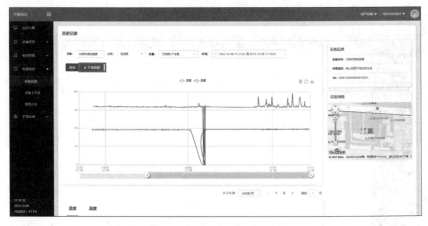

图4-44　下载数据

通过以上步骤并单击"确认"按钮，就能够成功地在数据报表中选择设备，并导出相应的传感器历史数据。

4.2.5　任务评价

任务完成后，填写任务评价表，如表4-9所示。

表4-9　任务评价表

检查内容	检查结果	满意率		
设备选型是否正确	是□　否□	100%□	70%□	50%□
设备安装是否符合规范	是□　否□	100%□	70%□	50%□
设备接线端子、线型选择是否正确	是□　否□	100%□	70%□	50%□
云平台是否监测到实时数据	是□　否□	100%□	70%□	50%□
云平台是否可以控制执行设备	是□　否□	100%□	70%□	50%□
正确添加报警人信息和报警触发条件	是□　否□	100%□	70%□	50%□
是否可以收到报警短信和电子邮件	是□　否□	100%□	70%□	50%□
完成任务后使用的工具是否摆放、收纳整齐	是□　否□	100%□	70%□	50%□
完成任务后工位及周边的卫生环境是否整洁	是□　否□	100%□	70%□	50%□

4.2.6　任务反思

通过查阅资料，思考隧道外再增加哪些传感器可以更加全面地监测隧道环境，增加什么执行设备可以更好地提高隧道环境安全，根据增加的想法绘制合理的拓扑图。

4.3 任务3 隧道监测系统云组态应用

4.3.1 任务工单与任务准备

4.3.1.1 任务工单

隧道监测系统云组态应用任务工单如表4-10所示。

表4-10 任务工单

任务名称	隧道监测系统 云组态应用	学时	3	班级	
组别		组长		小组成绩	
组员姓名			组员成绩		
实训设备	桌面式实训操作平台	实训场地		时间	
学习任务	学习云组态在实际生产过程中的实际应用				
任务目的	学习云组态应用,通过隧道监测系统收集和分析数据,实现远程监控和管理隧道环境及车辆通行安全				
任务实施要求	在云平台上获取任务1隧道内监测系统及任务2隧道外监测系统的传感器数据及执行器信息。 通过定时任务对任务1与任务2中的传感器及执行器设备进行定时设置。 通过独立触发器编辑云组态在获取数据后的触发事件。 通过独立组态编辑隧道环境监测系统的环境场景,并展示到组态监控大屏上				
实施人员	以小组为单位,成员2人				
结果评估(自评)	完成□ 基本完成□ 未完成□ 未开工□				
情况说明					
客户评估	很满意□ 满意□ 不满意□ 很不满意□				
客户签字					
公司评估	优秀□ 良好□ 合格□ 不合格□				

4.3.1.2 任务准备

绘制南山隧道系统拓扑图,如图4-45所示。

4.3.2 任务目标

(1)通过云组态实现对设备的监控和控制,包括传感器数据采集、报警处理、自动化控制等。

南山隧道系统拓扑图

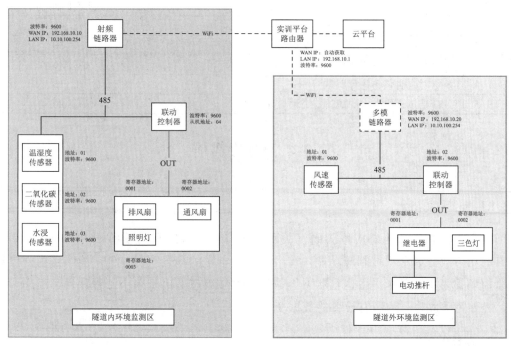

图4-45 任务拓扑图

（2）实现云平台之间数据的互通互联，通过收集到的数据处理实现自动报警，通过这些数据下达更加准确的命令。

（3）通过云组态应用编辑大屏数据，在云组态大屏上显示隧道内以及隧道外的环境数据以及设备运行情况。

4.3.3 任务规划

根据所学相关安装与调试的知识，制订并完成本次任务的实施计划。计划的具体内容可以包括任务前准备、分工等，任务中的具体实施步骤，以及任务完成后的总结等内容。任务规划表如表4-11所示。

表4-11 任务规划表

任务名称	隧道监测系统云组态应用
任务计划	获取隧道环境监测系统数据，执行器当前状态。 使用云平台添加配置定时任务。 完成云平台独立组态任务。 云组态大屏显示隧道环境监测数据
达成目标	在云平台上，通过云组态大屏可以实时查看隧道环境监测数据以及隧道执行器控制状态，并可以进行智能化控制

续表

序号	任务内容	所需时间/分钟
1	在云平台上添加配置独立组态任务	40
2	对独立组态任务进行系统调试	30
3	在云平台上添加配置定时任务	30
4	对定时任务进行调试	15
5	通过云组态大屏调试隧道环境监测数据	20

4.3.4 任务实施

4.3.4.1 独立组态

独立组态指一个组态应用画面仅关联某一特定设备或不同设备下的不同从机和数据点的相关数据显示、控制等功能。该组态提供丰富的场景素材控件，能够自由拖曳搭建监控场景，实时显示设备运行状态等信息。独立组态适用于单个工程项目，组态设计时，控件可关联账号内所有设备的数据变量。

1. 新建组态

1）进入添加界面

步骤1：在左侧导航栏中单击"扩展功能"按钮。

在左侧导航栏中找到并单击"扩展功能"按钮。

步骤2：单击"独立组态"按钮。

在"扩展功能"下拉列表中找到并单击"独立组态"按钮。

步骤3：单击"添加"按钮。

找到并单击"添加"按钮，以添加新的独立组态，结果如图4-46所示。

图4-46 新建组态

2）设置组态名称

步骤1：在"添加独立组态"页面填写独立组态信息，例如"所属项目"为"南山隧道环境监测项目"。

步骤2：设置"组态名称"为"南山隧道环境监测中控屏"。

步骤3：单击"保存"按钮，结果如图4-47所示。

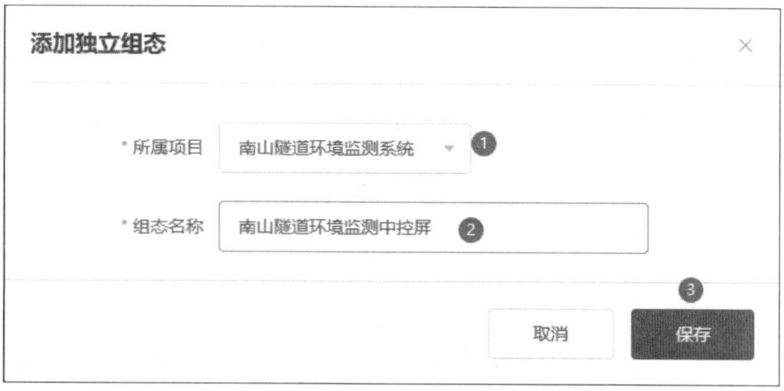

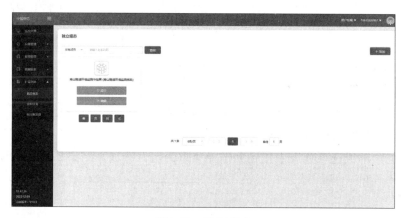

图4-47　设置名称

通过以上步骤能够成功地在扩展程序中选择项目，添加独立组态，并填写详细信息，确保系统能够正确识别和管理独立组态，如图4-48所示。

图4-48　设置完成

2. 进入组态编辑界面

单击"编辑"按钮，系统将跳转或弹出一个新的"编辑"界面，进入独立组态的编辑模式。在"编辑"界面中可以对组态进行各种修改，包括添加、删除、调整组态元素等，如图4-49所示。

图4-49　进入"组态编辑"界面

3. 添加页面

添加页面如图4-50所示。

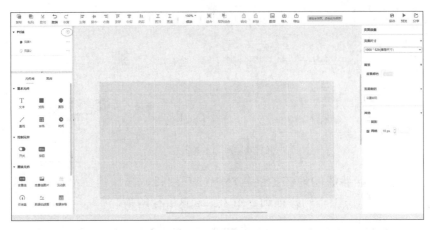

图4-50　添加页面

4. 修改页面名称

步骤1：单击"页面"后面的…按钮。

在"独立组态"页面中找到想要重命名的页面。

步骤2：选择"重命名"选项。

在弹出的菜单或选项列表中找到并选择"重命名"选项，结果如图4-51所示。

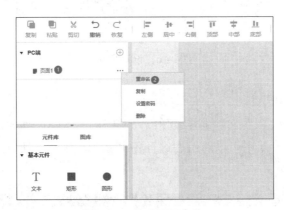

图4-51　修改页面名称

5. 填写页面名称

步骤1：弹出的界面要求输入新的页面名称。

在相应的文本框中填写新的页面名称，例如"隧道内部"。

步骤2：单击"保存"按钮，填写名称。

通过以上步骤，就能够成功地在独立组态页面中重命名特定的页面，如图4-52所示。

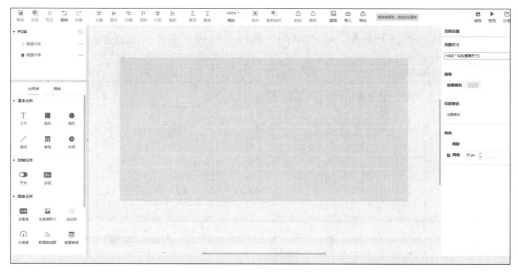

图4-52　修改完成

6.放置控件并绑定对应界面

1）放置控件

步骤1：从控制元件库拖曳按钮摆放到相应位置。

打开控制元件库，位于界面左侧。在控制元件库中找到按钮，通过拖曳的方式将其摆放到目标位置。

步骤2：设置交互。

单击刚刚摆放的按钮，在数据界面中找到"数据"选项。

步骤3："交互"选择"单机"。

步骤4：单击"编辑"按钮创建交互，结果如图4-53所示。

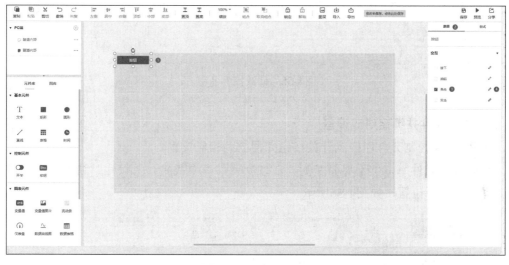

图4-53　按钮控件

2）创建交互

"动作"选择"打开页面"，"页面"选择"隧道内部"，如图4-54所示。

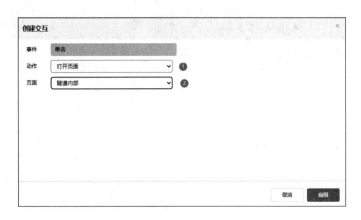

图4-54 创建交互

3）修改控件名称

双击控件名称并修改内容，如图4-55所示。

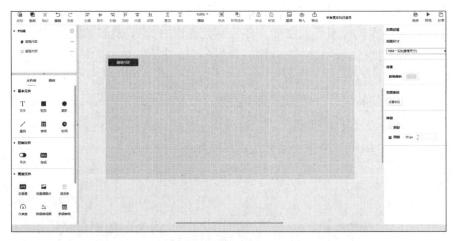

图4-55 修改控件名称

7. 放置控件并绑定对应设备

步骤1：从控制元件库拖曳开关按钮并摆放到相应位置。

打开控制元件库，位于界面左侧。在控制元件库中找到开关按钮，通过拖曳的方式将其摆放到目标位置，如图4-56所示。

图4-56 开关控件

步骤2：设置数据来源。

单击刚刚摆放的"开关"按钮，在数据界面中找到"数据来源"选项。选择数据来源的相关信息，"分组"选择"隧道外部"。

步骤3：设备选择"外部多模链路器"。

步骤4：从机选择"联动控制器"。

步骤5：变量选择"闸机"。确认设置无误后，就完成了数据来源的设置。

通过以上步骤，就能够成功地从控制元件库拖曳"开关"按钮到相应位置，并设置其数据来源为指定的分组、设备、从机和变量。

8. 控件文本描述

从左侧导航栏中拖曳文字到开关下方。打开左侧导航栏，在导航栏中找到文字组件，通过拖曳的方式将文字组件放置到开关下方。双击文本框，输入想要的文字，双击刚刚放置的文字组件，编辑文本，输入想要显示的文字，例如"闸机"。

这样就能够成功地从左侧导航栏拖曳文字到开关下方，并输入所需的文字，如图4-57所示。

图4-57　文本控件

9. 仪表盘使用

步骤1：从左侧导航栏图表元件下拖曳仪表盘到相应位置。

打开左侧导航栏，在图表元件中找到仪表盘组件，通过拖曳的方式将其放置到目标位置。

步骤2：选中仪表盘进行数据来源设置。

单击刚刚放置的仪表盘，在选中状态下，在右侧状态栏数据页面填写具体信息。

步骤3：填写具体信息。

在仪表盘设置界面中找到"数据来源"选项。

填写具体的信息："分组"选择"南山隧道外部"；"设备"选择"外部多模链路器"；"从机"选择"风速"；"变量"选择"风速"；确认设置无误后，完成数据来源的设置。

通过以上步骤，能够成功地从左侧工具栏拖曳仪表盘到相应位置，并设置其数据来源为指定的分组、设备、从机和变量，如图4-58所示。

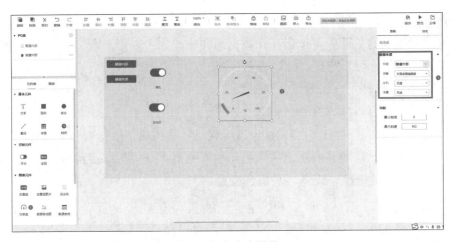

图4-58　仪表盘控件

10. 保存

根据上述描述完成剩余功能，完成后单击"保存"按钮，如图4-59和图4-60所示。

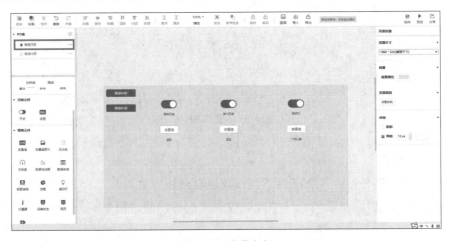

图4-59　隧道内部

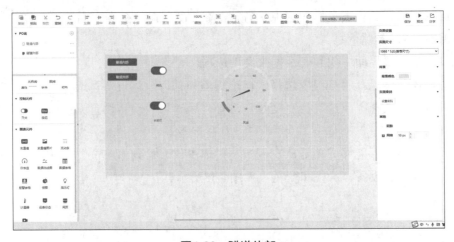

图4-60　隧道外部

11. 整体调试

在中控大屏中手动测试各开关能否正常地控制设备；观察所有传感器显示数据是否正常。

4.3.4.2　定时任务

在云平台的定时任务中可以控制设备定时执行动作。

控制设备的执行方式可以为"重复执行""单次执行"按时间间隔循环执行。执行内容中可以添加执行器和传感器，控制执行器定时打开、关闭，模拟传感器定时上报数据。

【任务实战】

南山隧道环境监测系统项目的隧道外部工程施工完成，现在需要验收，设置一组定时任务，测试所有设备的性能。需要检查警示灯、道闸工作状态是否正常。

1. 添加定时任务

1）进入定时任务页面

在左侧导航栏中找到并单击"扩展功能"下拉按钮。在"扩展功能"下拉列表中找到并选择"定时任务"选项，进入"定时任务"界面，如图4-61所示。

图4-61　添加定时任务

2）添加信息

（1）进入添加界面，如图4-62所示。

图4-62　进入添加页面

步骤1：在"定时任务"界面中的项目列表中选择所需的项目，确保定时任务归属正确的项目。

步骤2：选择项目后单击"添加"按钮，开始添加定时任务。

（2）填写信息，如图4-63所示。

图4-63　填写信息

步骤1：在"添加定时"页面填写任务名称。

进入"添加定时"任务页面，在该页面找到"任务名称"文本框。输入任务名称，例如"定时开关闸机"。

步骤2：选择设备。

在"添加定时"任务的页面中找到设备选择的相关选项。选择设备，例如"外部多模链路器"。

步骤3：选择执行方式。

在"添加定时"任务的页面中找到执行方式的选项。选择所需的执行方式，例如"按照时间间隔循环执行"。

步骤4：单击执行内容添加。

在"添加定时"任务的页面中单击"添加"按钮，开始设置具体的执行内容。

步骤5：选择变量和设置执行内容。

在"添加定时"任务页面中找到"变量选择"选项。选择需要控制的变量，例如"联动控制器变量选择闸机"。针对选中的变量设置发送数据的状态，可以选择打开或者关闭。设置执行间隔，确保任务按照需求循环执行。

添加完成后如图4-64所示。

图4-64　添加完成

（3）继续完成剩余的任务，结果如图4-65所示。

图4-65　最终结果

2. 任务测试

启动定时任务，观察并记录设备运行状态的变化。在下发日志中可以查询定时任务的启动情况。

4.3.5　任务评价

任务完成后，填写任务评价表，如表4-12所示。

表4-12　任务评价表

检查内容	检查结果	满意率		
设备选型是否正确	是□　否□	100%□	70%□	50%□
设备安装是否符合规范	是□　否□	100%□	70%□	50%□
设备接线端子、线型选择是否正确	是□　否□	100%□	70%□	50%□
云平台的独立组态任务中执行器是否能正常工作	是□　否□	100%□	70%□	50%□
云平台的独立组态任务中传感器是否能正常读取数据	是□　否□	100%□	70%□	50%□
云平台的定时任务是否能正常执行	是□　否□	100%□	70%□	50%□
云平台的独立触发任务是否能正常触发	是□　否□	100%□	70%□	50%□
云平台的独立触发任务是否能正常及时报警	是□　否□	100%□	70%□	50%□
云平台的独立触发任务是否能正常控制设备执行动作	是□　否□	100%□	70%□	50%□
云平台策略编辑是否正确	是□　否□	100%□	70%□	50%□
完成任务后使用的工具是否摆放、收纳整齐	是□　否□	100%□	70%□	50%□
完成任务后工位及周边的卫生环境是否整洁	是□　否□	100%□	70%□	50%□

4.3.6　任务反思

通过任务1和任务2中的拓扑图，思考如何利用云平台组态应用实现设想功能？

4.4 任务 4 隧道监测系统综合调试

4.4.1 任务工单

隧道监测系统综合调试任务工单如表4-13所示。

表4-13 任务工单

任务名称	隧道监测系统综合调试	学时	3	班级	
组别		组长		小组成绩	
组员姓名			组员成绩		
实训设备	桌面式实训操作平台	实训场地		时间	
学习任务	学习物联网云平台人员权限管理、报警管理、独立触发器设置				
任务目的	充分理解云平台人员管理、报警备管理、事件触发机制				
任务实施要求	① 对用户权限进行分配，建立用户要先确定用户角色和用户权限（小组管理员、小组成员）。 ② 设置报警联系人，在报警联系人界面的项目列表中选择所需的项目。 ③ 在云平台的独立触发器功能模块中设置不同的触发条件，绑定相应的操作或报警条件。当触发条件满足时，实现对设备或数据的实时监控和自动化控制				
实施人员	以小组为单位，成员2人				
结果评估（自评）	完成□ 基本完成□ 未完成□ 未开工□				
情况说明					
客户评估	很满意□ 满意□ 不满意□ 很不满意□				
客户签字					
公司评估	优秀□ 良好□ 合格□ 不合格□				

4.4.2 任务目标

在云平台上对人员进行分组，按照权限对云组态大屏进行操作，熟悉报警系统的使用，使用独立触发器获得隧道环境监测数据以及隧道执行器控制状态，并可以进行智能化控制。

4.4.3 任务规划

根据所学的安装与调试的相关知识，制订并完成本次任务的实施计划。计划的具体内容可以包括任务前准备、分工等，任务中的具体实施步骤，以及任务完成后的总结等内容。任务规划表如表4-14所示。

表4-14　任务规划表

任务名称	隧道监测系统综合调试	
任务计划	① 添加用户角色（岗位）。 ② 添加人员。 ③ 使用独立触发器实现报警控制	
达成目标	在云平台上对人员分组，按照权限对云组态大屏进行操作，使用独立触发器获取隧道环境监测数据以及隧道执行器控制状态，并可以进行智能化控制	
序号	任务内容	所需时间/分钟
1	在云平台上添加配置用户角色	20
2	在云平台上进行人员管理	20
3	角色、人员管理检查	5
4	报警系统配置	30
5	完成云平台上添加独立触发器的任务	40
6	独立触发器任务调试	20

4.4.4　任务实施

对用户权限进行分配和管理必须以项目管理员身份登录。建立用户要先确定用户角色和用户权限（小组管理员、小组成员）。

4.4.4.1　权限管理

步骤1：在界面中找到并单击"用户权限"按钮。

步骤2：在用户权限中选择"角色管理"选项进入角色管理界面，如图4-66所示。

图4-66　角色管理

1．添加角色

单击右上角的"添加角色"按钮。

2．人员管理

1）填写角色信息

步骤1： 填写角色名称。

在"添加"界面中找到"角色名称"文本框，输入角色名称，例如"监控中心"。

步骤2： 填写角色描述。

在"添加管理"界面中找到"角色描述"文本框，输入角色描述，例如"监控中心负责人"。

步骤3： 选择角色权限。

在"权限选择"界面中分配适当的权限给该角色，涉及系统中的不同功能、模块或操作，结果如图4-67所示。

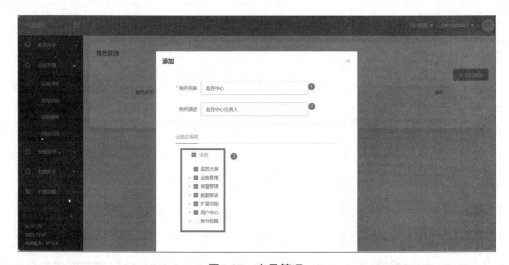

图4-67　人员管理

2）建立小组管理员

（1）进入"添加用户"页面，如图4-68所示。

步骤1： 在界面中找到并单击"用户权限"按钮。

步骤2： 选择"子用户管理"选项，进入"子用户管理"界面。

（2）添加用户基本信息，如图4-69所示。

步骤1： 单击"添加用户"按钮，开始添加新用户。

步骤2： 在添加用户的界面中找到并填写用户的基本信息，姓名：张雨琪；性别：男；年龄：20；工位号：NS0001；组织：监控中心。

（3）填写用户信息，如图4-70所示。

在添加用户的界面中，找到相应的文本框或下拉列表框并填写用户信息。用户名：NS0001；密码：NS0001；确认密码：NS0001；手机号：13000000001；上级用

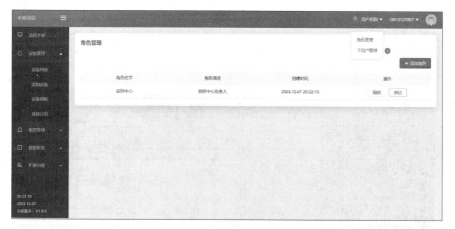

图4-68　进入添加用户页面

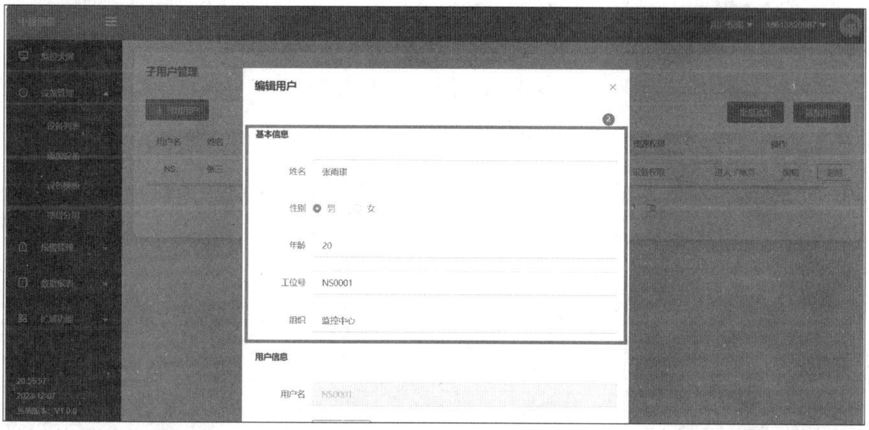

图4-69　添加用户基本信息

图4-70　填写用户信息

户：组织管理员；用户类型：小组管理员；关联项目：南山隧道环境监测系统；关联角色：监控中心。确保填写的信息准确无误。单击"保存"按钮，完成用户的添加。

保存用户信息后，系统可能会提示是否为用户分配设备。单击"取消"按钮，退出设备分配流程。

（4）添加小组成员，如图4-71所示。

图4-71 添加小组成员

单击"添加用户"按钮，开始添加新用户。在添加用户的界面中找到并填写用户的基本信息。姓名：李梅；性别：女；年龄：30；工位号：NS0002；组织：监控中心。

（5）填写用户信息，如图4-72所示。

图4-72 填写用户信息

在添加用户的界面中，找到对应的文本框或下拉列表框，并填写用户信息。用户名：NS0002；密码：NS0002；确认密码：NS0002；手机号：15200000011；上级用户：小组管理员；用户类型：小组成员；关联项目：南山隧道环境监测系统；关联角色：监控中心。确保填写的信息准确无误。

单击"保存"按钮，完成小组成员的添加。

在保存用户信息后，系统可能会提示是否为用户分配设备。单击"取消"按钮，退出设备分配流程。

3）删除子用户

在操作过程中，如果有些用户账号建错或多余，可以删除用户账号。

步骤1：进入"子用户管理"界面，如图4-73所示。

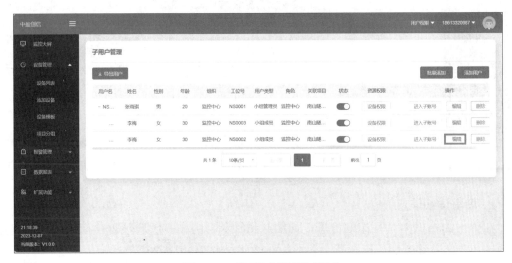

图4-73　"子用户管理"界面

步骤2：取消关联项目并单击"保存"按钮，如图4-74所示。

图4-74　取消关联

步骤3：单击"删除"按钮删除子用户。

4.4.4.2　报警管理

1．设置报警联系人

步骤1：在左侧导航栏中找到并单击"报警管理"按钮。

步骤2：在"报警管理"下拉列表中找到并选择"报警联系人"选项。

步骤3：选择对应的项目。在"报警联系人"界面的项目列表中选择所需的项目，例如"南山隧道环境监测系统"。

步骤4：找到并单击"添加"按钮，添加新的报警联系人，结果如图4-75所示。

图4-75　添加报警联系人

2. 填写详细信息

在弹出的窗口中填写详细信息，如图4-76所示。例如，所选项目：南山隧道环境监测系统；姓名：张雨琪；手机号：13000000099；邮箱：12345678@qq.com。

图4-76　填写详细信息

确认填写无误后，单击"保存"按钮，完成报警联系人的添加。

通过以上步骤，能够成功地在报警管理中选择项目，添加报警联系人，并填写详细信息，确保系统能够在报警事件发生时及时通知到相应的联系人。

3. 添加报警通知

步骤1：在左侧导航栏中找到并单击"报警管理"按钮。

步骤2：在报警管理界面中找到并选择"报警通知"选项。

步骤3：在"报警通知"界面选择所需的项目。

步骤4：找到并单击"添加"按钮，添加新的报警通知，如图4-77所示。

图4-77　添加报警通知

4．在窗口中添加报警信息

在弹出的窗口中填写报警信息，如图4-78所示。例如，报警通知名称：水浸报警；选择设备：内部链路器；推送方式：报警沉默时间为3分钟，就是每间隔3分钟推送一次紧急报警；报警方式：短信和邮件；报警联系人：张雨琪。

图4-78　添加报警信息

确认填写无误后，需要单击"保存"按钮，以完成报警通知的添加。

通过以上步骤，能够成功地在报警管理中选择项目，添加报警通知，并填写详细信息，确保系统能够在设备发生报警时按照设定的方式通知到相应的联系人。

4.4.4.3　独立触发器

在云平台的独立触发器功能模块中，用户可以根据实际需求设置不同的触发条件，例如设备状态、数据变化等，然后绑定相应的操作或报警。当触发条件满足时，系统会自动执行相应的操作或报警，从而实现对设备或数据的实时监控和自动化控制。

4.4.5　项目实战

某夏日突遇降暴雨，隧道内部出现积水，水位升至危险水位，水浸传感器被触发，报警通知负责人员，报警灯启动，道闸对隧道入口进行封闭。

1．添加独立触发器

1）进入添加界面

步骤1： 在左侧导航栏中找到并单击"扩展功能"按钮。

步骤2： 在"扩展功能"下拉列表中找到并选择"独立触发器"选项，进入"独立触发器"界面。

步骤3： 在"独立触发器"界面中单击"添加"按钮，添加独立触发器。

通过以上步骤能够成功进入扩展功能，选择独立触发器进入界面，并单击"添加"按钮进行独立触发器的添加，如图4-79所示。

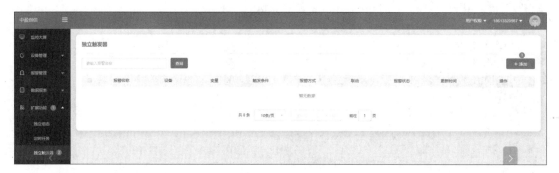

图4-79　添加独立触发器

2）填写信息

步骤1： 设置报警名称。在"添加独立触发器"界面中找到报警名称的文本框，输入报警名称，例如"水浸报警"。

步骤2： 选择设备和变量。在"添加独立触发器"页面中找到设备和变量的选择区域。选择设备，例如"内部射频链路器"，然后选择该设备下的变量，例如"水浸传感器"。

步骤3： 选择触发条件。在"添加独立触发器"页面中找到触发条件的选择区域。选择触发条件，例如"开关ON"表示水浸触发时报警。

步骤4： 设置推送机制。在"添加独立触发器"页面中找到推送机制的选择区域。选择推送机制，例如"报警沉默时间3分钟"，就是每隔3分钟推送一次报警信息。

步骤5： 选择推送方式。在"添加独立触发器"页面中找到推送方式的选择区域。选择推送方式，例如"邮件""短信"。

步骤6： 设置推送联系人。在"添加独立触发器"页面中找到推送联系人的选择区域。选择推送联系人，例如"张雨琪"。

通过以上步骤就能够成功地设置报警名称，选择设备和变量、触发条件、推送机制、推送方式以及推送联系人，如图4-80所示。

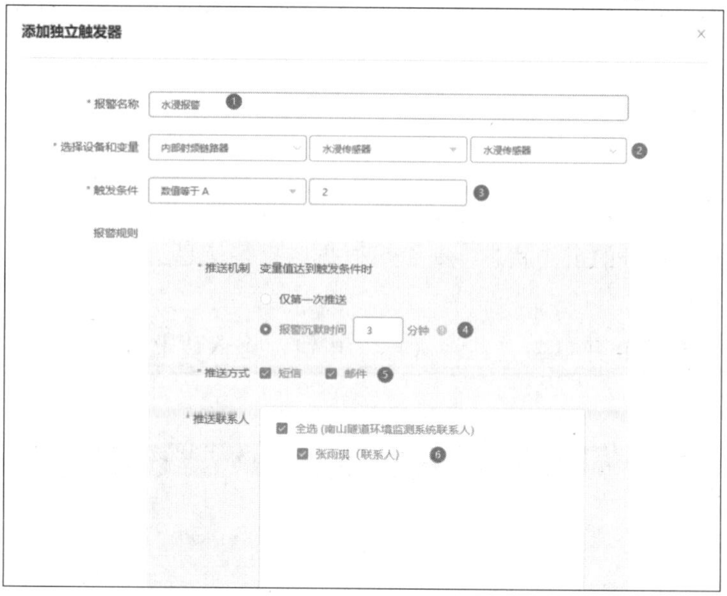

图4-80　独立触发器信息

3）添加联动

步骤1：添加独立触发器界联动。在"添加独立触发器"页面中需要进行下滑或滚动操作，找到并单击"开启联动"按钮。

步骤2：设置联动变量和联动类型。在联动设置界面中找到联动变量和联动类型的选择区域。选择联动变量，例如"设备"选择"外部多模链路器"下的"联动控制器"，"变量"选择"状态灯"。设置联动类型，例如"控制"。

通过以上步骤就完成了独立触发器的添加，如图4-81所示。

图4-81　添加联动

4）继续完成剩余的任务

继续添加独立触发器任务，实现当发生险情时，报警灯启动，并通知道路管理中心负责人员。

2. 任务测试

1）触发报警

用水接触水浸传感器触点，观察是否能正常触发任务，检查报警消息是否推送，同时查看报警灯和推拉杆的工作状态，是否可以推送报警信息给部门负责人。

2）处理报警

在左侧导航栏找到并单击"监控大屏"按钮，进入"监控大屏"界面，如图4-82所示。

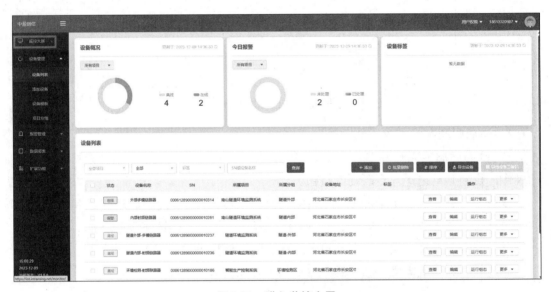

图4-82 进入监控大屏

（1）选择设备。

步骤1：找到并单击选择项目的选项。选择项目，例如"南山隧道环境监测系统"。在界面中找到"我的分组"选项。

步骤2：选择设备，例如"内部射频链路器"，如图4-83所示。

（2）处理报警原因。

步骤1：在报警信息界面中找到并单击想要处理的报警信息。

步骤2：在报警信息的详细页面中找到填写处理描述的文本框。

步骤3：输入处理描述，例如"已经安排抢险队处理完成，可以正常通行"。单击"保存"按钮保存填写的处理描述，如图4-84所示。

图4-83 选择设备

图4-84 处理报警

4.4.6 任务评价

任务完成后，填写任务评价表，如表4-15所示。

表4-15 任务评价表

检查内容	检查结果	满意率		
设备选型是否正确	是□ 否□	100%□	70%□	50%□
设备安装是否符合规范	是□ 否□	100%□	70%□	50%□

检查内容	检查结果	满意率		
设备接线端子、线型选择是否正确	是□ 否□	100%□	70%□	50%□
云平台人员分组是否完成	是□ 否□	100%□	70%□	50%□
云平台人员权限设置是否完成	是□ 否□	100%□	70%□	50%□
云平台是否正确设置报警联系人	是□ 否□	100%□	70%□	50%□
云平台是否正确设置独立触发器	是□ 否□	100%□	70%□	50%□
云平台是否能获取报警信息	是□ 否□	100%□	70%□	50%□
云平台是否能处理报警信息	是□ 否□	100%□	70%□	50%□
云平台策略编辑是否正确	是□ 否□	100%□	70%□	50%□
完成任务后使用的工具是否摆放、收纳整齐	是□ 否□	100%□	70%□	50%□
完成任务后工位及周边的卫生环境是否整洁	是□ 否□	100%□	70%□	50%□

4.4.7　任务反思

通过操作可以实现在云平台上汇总生成、导出、备份数据或日志报表，使用工具或编程语言对数据进行处理、建模并生成可视化图表。

4.5 课后习题

▶▶ **选择题**

1. 隧道环境监测系统中没有使用（　　　）设备。

A. 温湿度传感器　　B. 二氧化碳传感器　　　　C. 风速传感器　　　　　D. 水浸传感器

2. 云平台添加定时任务时，不包括（　　　）方式。

A. 重复执行　　　　　　　　　　　　B. 单次执行

C. 按时间间隔循环执行　　　　　　　D. 按区域循环执行

3. 当隧道内水浸传感器报警时，其值为（　　　）。

A. 0　　　　　　　　B. 1　　　　　　　　C. 2　　　　　　　　D. 不确定

4. 在隧道检测系统设计原则中不包括（　　　）。

A. 可靠性　　　　　　B. 实用性　　　　　　C. 稳定性　　　　　　D. 闭合性

5. 云平台组态设计基本原件中没有下列（　　　）原件。

A. 文本　　　　　　　B. 表格　　　　　　　C. 开关　　　　　　　D. 时间

▶▶ **简答题**

1. 简述目前国在隧道环境中所面临的问题。

2. 云平台组态应用设计时，通过什么操作可以使组态大屏显示效果更加美观？

项目 5
幸福里智能家居系统搭建与维护

物联网技术的持续发展，使得智能家居系统在人们日常生活中占据越来越重要的地位。通过设备间的互联互通，智能家居系统实现了高效的智能化控制与管理，极大地提升了人们的生活便利性。用户可以利用智能手机、平板电脑或语音助手等设备，随时随地进行远程操控，智能家居系统涵盖灯光、温湿度、窗帘、安防系统等方面。此外，智能家居系统还能根据用户的个人习惯和需求进行自动调整，提供更为个性化的舒适环境。

展望未来，随着技术的不断进步和应用场景的进一步拓展，智能家居系统将更加普及并实现更高程度的智能化，这将为人们的生活带来更多便利与乐趣，使人们的生活品质得到进一步提升。

项目概述 ▶

1. 智能家居系统的发展历程

智能家居系统的发展历程可以追溯到20世纪80年代，当时的家庭自动化概念为智能家居系统的发展奠定了基础。随着科技的飞速发展，智能家居系统逐步成为集成了各种先进技术的综合性领域，展现出广阔的应用前景。尤其近年来，物联网、云计算、大数据等技术的突飞猛进，进一步推动了智能家居系统的普及与推广。

2. 智能家居系统的技术原理

智能家居系统的技术原理主要涵盖以下几方面。

（1）物联网技术：物联网技术是智能家居系统的核心。通过各种传感器、执行器等设备，实现家庭内部设备的互联互通，从而形成一个统一的家庭物联网，使得各设备能够相互通信并共享数据。

（2）通信技术：智能家居系统借助有线或无线通信技术，确保家庭设备间数据传输的稳定和高效。这些技术实现了设备间的信息交换，确保了智能家居系统的正常运行。

（3）控制技术：控制技术是实现家庭设备智能化管理的关键。通过智能控制器等设备，用户可以方便地远程操控家庭设备，同时设备也能根据预设的程序或用户的行为习惯进行自主控制，极大提升了家居生活的便利性。

（4）云平台控制技术：云平台控制技术为智能家居系统提供了强大的后盾。借助云平台，家庭设备可以连接到互联网，实现自主控制和优化。此外，云技术还有助于数据的存储、分析和处理，进而提供个性化的服务，提升家居生活的舒适性。

3. 智能家居系统的优势

智能家居系统技术以其独特的优势，在提升生活品质、增强家庭安全、促进节能环保以及推动智慧城市建设等方面发挥了重要作用。

（1）提升生活品质：智能家居系统通过先进的智能化控制和自动化管理技术，为家庭生活带来前所未有的舒适性和便利性，从而显著提高生活品质。

（2）增强家庭安全：依托智能监控设备和报警系统等技术手段，智能家居系统有效提升家庭的防盗和安全防护能力，为家人创造一个更加安全的居住环境。

（3）促进节能环保：智能家居系统具备能源的合理利用和减少浪费的能力，通过智能化控制和优化管理实现节能环保的目标，为绿色生态作出贡献。

（4）推动智慧城市建设：作为智慧城市建设的重要组成部分，智能家居系统技术的广泛应用有助于促进城市资源的优化配置和公共服务的智能化发展。

4. 智能家居系统面临的挑战

智能家居系统技术的发展仍面临一些挑战。

（1）数据安全问题：在家庭数据的采集、传输、存储过程中，数据泄露和安全问题不容忽视。因此，必须采取有效的安全措施和技术手段确保用户数据的安全性和隐私性。

（2）技术标准不统一：当前智能家居系统市场缺乏统一的技术标准和接口规范，导致不同品牌之间的设备难以实现互联互通。应积极推动建立统一的技术标准和接口规范，以促进智能家居系统的互联互通和互操作性。

（3）成本较高：智能家居系统的建设和维护成本相对较高，对于普通消费者而言可能构成一定的经济负担。因此，应通过优化设计和技术创新等手段降低智能家居系统的建造成本和使用成本，使其更加亲民化。

（4）用户隐私保护问题：在智能家居系统设备的采集和处理过程中，用户的隐私数据可能面临泄露风险。因此，必须采取有效的隐私保护措施和技术手段保护用户的隐私数据，确保用户的隐私权益得到充分保障。

知识储备

1. 智能家居系统功能规划方案

为满足各类生活场景的需求，智能家居系统的功能设计需着重考虑以下关键点。

（1）家庭环境调控：此功能通过智能化的环境控制系统，可自动调节家庭内的温度、湿度和光照等环境因素，确保居住环境的舒适度。

（2）家庭安全监控：通过部署智能摄像头、烟雾报警器和门窗传感器等设备，实时监测家庭安全状况，为家庭提供全方位的安全保障。

（3）家庭娱乐互动：借助智能电视、智能音响和游戏机等设备，为家庭成员提供个性化的娱乐体验，提升家庭生活的趣味性。

（4）家庭自动化操作：集成智能家电、智能照明和智能窗帘等设备，实现家庭日常事务的自动化处理，提高生活的便利性。

2. 在实施智能家居系统安装过程中，务必重视以下几项关键因素

（1）综合布线：在开始安装前，必须对住宅环境进行全面的线路规划。这一步骤包括确定设备的位置、选用合适的线材和接口，并确保线路布局合理且得到妥善保护。在此过程中，需特别关注保持所有线路的畅通，避免被遮挡或损坏，以确保设备的正常运行。

（2）无线安装：如果选择无线方式连接智能家居系统设备，务必关注信号传输问题。应选用性能卓越的无线路由器，确保信号能覆盖全屋，同时要高度重视网络安全。为保证设备的稳定运行，应尽量避免无线信号干扰。

（3）设备兼容性：在安装过程中，不同品牌和型号的智能家居系统设备之间的兼容性问题也不容忽视。必须确保所有设备能够顺利通信，从而实现智能化的控制。

（4）在布置智能家居系统设备时，房间的空间布局与人性化设计是非常重要的考量因素。必须合理规划设备的位置，以确保物品的摆放既方便又具有美感。同时，应预见未来可能新增的设备设施，如智能窗帘、灯光控制系统和安防系统等，并为此预留空间。

（5）在进行装修时，应该预先为未来的可能性做好准备。例如，设置强大且稳定的 WiFi 覆盖、提供足够的插座等，以便在将来增加新的智能家居系统设备时提供更大的便利。

（6）完成智能家居系统设备的安装后，务必进行详尽的调试和测试，目的是确保每一台设备都能正常运行，并实现智能化的控制。一旦发现问题，应立即与售后工程师联系以寻求解决方案。

学习目标

1. 知识目标

（1）掌握智能家居系统整体设计的结构及其主要功能的展示方式。

（2）深入研究智能家居系统的内部构造及实现常用功能的途径。

（3）深入理解智能家居系统如何与云平台进行数据交互，以及如何实现设备数据上传至云平台，并在其上进行数据展示与家居设备控制的具体流程。

（4）通过实际操作与案例解析，增强对智能家居系统领域的理论认识与实践应用能力。

2. 技能目标

（1）深入了解并掌握智能家居系统的常见应用场景及其搭建流程。

（2）熟练运用云平台进行智能家居系统场景的智能化配置与运行。

（3）理解智能家居系统运维的核心概念及其架构，具备独立进行智能家居系统运维的能力，并能准确填写运维记录单。

（4）精通智能家居系统的运维管理及其常用设备的检测手段，能够熟练使用相关的软硬件工具。

（5）熟悉并掌握智能家居系统的售后服务流程，以确保客户获得优质的服务体验。

5.1 任务1 搭建智能家居应用系统

5.1.1 任务工单与任务准备

5.1.1.1 任务工单

搭建智能家居应用系统的任务工单如表5-1所示。

表5-1 任务工单

任务名称	搭建幸福里智能家居应用系统	学时	4	班级	
组别		组长		小组成绩	
组员姓名			组员成绩		
实训设备	桌面式实训操作平台	实训场地		时间	
学习任务	① 了解常见的智能家居系统搭建方法。在安装过程中，需要注意传感器、执行器、采集模块等设备的选择和配置，以确保数据能够准确传输至云平台。 ② 通过云平台的配置，可以实现客厅环境监测系统、卧室无线环境监测系统、远程开锁系统、自动照明系统以及家居安防系统的功能				
任务目的	深入理解智能家居系统的常见系统及其搭建过程，并阐述如何通过云平台实现智能控制系统的实施				
任务实施要求	① 根据拓扑图的要求选择合适的设备，配置与调试传感器、射频链路器、多模链路器以及联动控制器，确保这些设备能够准确地将传感器的数据和执行器的状态传输至云平台。 ② 配置云平台，实现智能家居系统客厅环境监测系统、卧室无线环境监测系统、远程开锁系统、自动照明系统以及家居安防系统的功能。 ③ 构建一个高效、稳定的智能家居环境监测系统				
实施人员	以小组为单位，成员2人				
结果评估（自评）	完成□　基本完成□　未完成□　未开工□				

5.1.1.2 任务准备

系统拓扑图如图5-1所示。

幸福里智能家居系统拓扑图

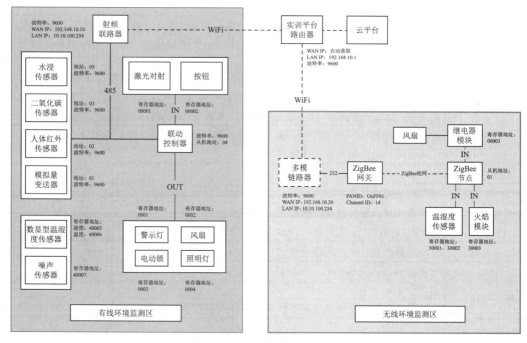

图5-1　系统拓扑图

5.1.2　任务目标

（1）根据拓扑图的要求，选择合适的设备进行安装和接线。

（2）配置调试传感器、射频链路器、多模链路器、联动控制器以及模拟量变送器，确保设备正常工作。

（3）将传感器数据和执行器状态实时传输至云平台，以便进行后续的数据分析和处理。

（4）云平台配置智能家居系统客厅环境监测系统、卧室无线环境监测系统、远程开锁系统、自动照明系统以及家居安防系统的功能。

5.1.3　任务规划

根据所学相关安装与调试的知识，制订并完成本次任务的实施计划。计划的具体内容包括任务前准备、分工等，任务中的具体实施步骤，以及任务完成后的总结等内容。任务规划表如表5-2所示。

表5-2　智能家居系统应用任务规划表

任务名称	搭建智能家居应用系统	
任务计划	① 根据拓扑图选型并安装智能家居系统场景所需要的传感器、采集模块、执行器。 ② 根据安装设备完成设备有线网络搭建、无线网络搭建、设备供电、设备信号线连接。 ③ 通过配置采集模、传感器，将传感器数据、执行器状态传输至云平台。 ④ 云平台上通过独立触发器实现智能家居系统客厅环境监测系统、卧室无线环境监测系统、远程开锁系统、自动照明系统、家居安防系统等智能控制系统	
达成目标	云平台实现智能家居系统客厅环境监测系统、卧室无线环境监测系统、远程开锁系统、自动照明系统、家居安防系统	
序号	任务内容	所需时间/分钟
1	根据拓扑图进行设备选型	20
2	合理布局并安装传感器、执行器、采集模块	40
3	进行有线网络、无线网络、zigBee网络搭建	30
4	对传感器、执行器、采集模块进行电源线、信号线连接	45
5	配置传感器、采集模块，并将传感器数据、执行器状态传输至云平台	25
6	通过云平台独立触发器实现智能家居系统智能控制系统的实现	20

5.1.4　任务实施

5.1.4.1　模拟量变送器安装与配置

（1）根据图5-2，将数显型温湿度传感器与噪声传感器按照正确的接线方式连接到模拟量变送器上。在连接过程中，注意传感器信号线的颜色以及供电额定电压和供电正负极，同时确保模拟量变送器的GND供电接线准确无误。确保所有连接均符合安全规范和标准，以避免潜在的电路故障或设备损坏。

485B
485A
GND
VCC

GND
噪声信号线
GND
温度信号线
GND
湿度信号线

图5-2　模拟量变送器接线图

（2）在操作过程中，需要对模拟量变送器设备进行供电，确保其正常工作。接着，将模拟量变送器的485线正确连接到工业级USB转RS485转换器上，特别注意485A和485B的接线不要接反，避免设备损坏或通信失败。在连接完成后，打开模拟量变送器开调试软件，以便进行后续的数据接收和发送操作。

（3）打开模拟量变送器配置工具，如图5-3所示。

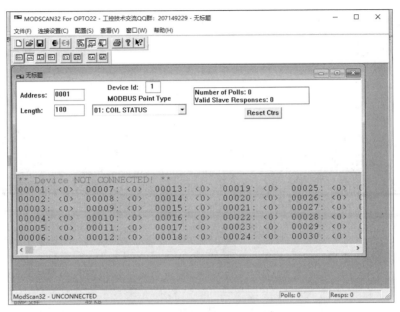

图5-3　模拟量变送器配置工具

（4）单击菜单栏中的连接设置进入连接配置界面，查看模拟量变送器连接的端口号并进行配置，根据模拟量变送器配置的波特率（默认为9600）进行配置，配置完成后单击"确认"按钮，如图5-4所示。

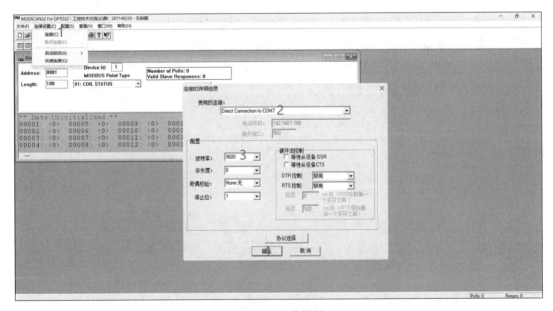

图5-4　连接配置

（5）单击菜单栏中的"配置"下拉按钮，在下拉列表中找到"显示选项"，设置"显示数据"为"整数"，如图5-5所示。

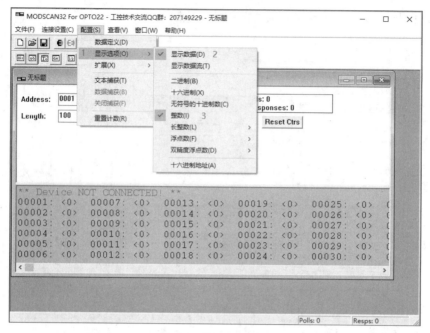

图5-5　数据显示配置

（6）配置完成以后在主界面设置Device Id的值，Device Id为模拟量变送器的设备地址。配置Address值，Address值为寄存器数据起始地址，根据模拟量变送器数据解析，寄存器起始地址为0005。配置Length的值，Length的值可以设置查看多少个寄存器数据，这里设置为10。选择寄存器为"03：HOLDING REGISTER"。

设置完成后可以查看到40005、40006和40007分别为所接传感器的数值，其中40005接收的湿度传感器的值为1604/1000×20，40006接收的温度传感器的值为2388/1000×24-40，40007接收的噪声传感器的值为720/1000×18+30，可以通过以上计算查看当前传感器的实时值，如图5-6所示。

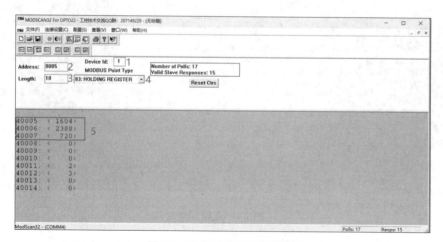

图5-6　查看接口所获取数据

（7）完成验证以后记录模拟量变送器地址，并将模拟量变送器的485线连接到射频链路器的RS485接口上，特别注意485A和485B的接线不要接反。

5.1.4.2　模拟量变送器连接云平台

1. 创建项目和分组

1）创建项目

打开云平台，在左侧主菜单选择"设备管理"选项，选中项目分组，在右侧单击"创建项目"按钮，创建一个新的项目。

项目名称：智能家居。

项目组长：按照实验分组，两位同学中的一位担任项目组长。

项目成员：按照实验分组，两位同学中的一位担任项目成员。

设置完成以后单击"确认"按钮，如图5-7所示。

图5-7　增加项目

2）添加分组

（1）选择智能家居系统项目，在右侧单击"添加下级分组"按钮。

分组名称：有线环境监测区。

上级分组：名称与上级分组名称一致。

排序：1。

分组描述：可自定义。

结果如图5-8所示。

（2）设置完成以后，继续单击"添加下级分组"按钮。

分组名称：无线环境监测区。

上级分组：名称与上级分组名称一致。

排序：2；

分组描述：可自定义。

结果如图5-9所示。

图5-8　有线环境监测区

图5-9　无线环境监测区

2. 设备添加

1）添加射频链路器

在进行设备添加的过程中，按照以下步骤填写设备的基本信息。

步骤1：在左侧导航栏设备管理界面找到并单击"添加设备"按钮。

步骤2：填写设备的基本信息。

设备名称：在相应字段中填写设备名称，如图5-10所示。

项目分组：从项目分组中选择适当的分组，确保设备被正确归到对应的分组。

SN：填写设备的序列号、MAC地址或IMEI号，根据设备类型和规格填写标识符。本实验选择右侧的"SN不支持，点这里"选项，自动生成"设备ID"以及"通信密码"。

云组态开关：选择是否启用云组态功能，根据需求开启或关闭。

上传图片：提供设备的图片，以便更直观地识别设备。单击相应区域上传设备图片。

设备位置：填写设备所在的具体位置。

设备地图：如果有地图功能，选择设备在地图上的位置。

用户权限：配置设备的用户权限，确保只有授权用户能够访问和控制设备。

设备标签：添加适当的设备标签，便于进行设备管理。

图5-10　射频链路器配置

完成上述操作以后，按照前面任务所学的配置射频链路器的方法，将生成的"设备ID""通信密码"复制到射频链路器配置界面上，使射频链路器连接至云平台，如图5-11所示。

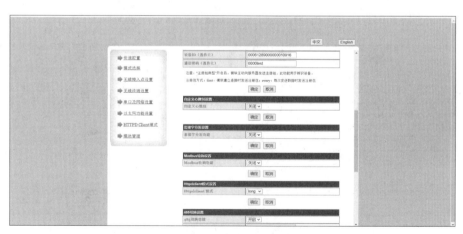

图5-11　配置射频链路器

2）添加多模链路器

根据之前配置射频链路器的步骤，进行添加多模链路器的配置，并确保多模链路器与平台的正确连接。

3. 设备模板添加

在添加设备的过程中，按照以下步骤填写设备的基本信息。

步骤1： 在左侧导航栏的"设备管理"界面找到并单击"设备模板"按钮。

步骤2： 填写设备的基本信息。

所属项目：从项目分组中选择适当的分组，确保设备被正确归到对应的分组。选择智能家居系统项目，如图5-12所示。

设备模板名称：可以自定义模板名称。

采集方式：选择"云端轮询"单选按钮。

图5-12　智能射频链路器模板

4. 添加从机信息

在进行设备模板添加完成以后，添加从机信息，添加从机信息过程中，按照以下步骤填写设备的基本信息，如图5-13所示。

图5-13　模拟量变送器配置

在编辑设备模板界面，单击"添加从机"按钮。

协议和产品：协议和产品使用Modbus、ModbusRTU/云端轮询。

从机名称：从机名称可以自定义。

串口序号：串口序号选择默认1。

从机地址：从机地址为模拟量变送器设置地址。

5．添加变量

1）添加数显型温度传感器的湿度值

（1）在完成从机信息的添加后，在右侧单击"添加变量"按钮开始添加变量信息，如图5-14所示。以下是填写设备基本信息的步骤。

图5-14 湿度值配置

变量名称：自定义变量名称，例如"湿度值"。根据传感器值的类型填写单位，例如湿度的单位为%（百分比）。

寄存器：根据传感器连接的模拟量变送器接口选择相应的寄存器。例如，湿度传感器连接到AI1口，则寄存器地址为40005。

数据格式：选择"16位无符号"作为数据格式。

采集频率：根据实际采集需求自行选择采集频率，注意不要选择"不采集（主动上报）"选项。

存储方式：根据实际需要选择存储方式，可以选择"变化存储"或"全部存储"。

读写方式：根据实际需要选择读写方式，可以选择"读写"或"只读"模式。

（2）在完成变量信息的添加后，单击下方的"高级选项"按钮。由于本次采集的是当前传感器的电压值，因此需要配置相应的传感器采集公式。根据给定的公式计算当前传感器的数据，湿度值的计算方式为%s/1000×20，其中%s为一个占位符，代表所采集的当前电压数值，如图5-15所示。完成上述配置后，单击"确认"按钮保存设置。

2）添加温湿度传感器的温度值

（1）在完成湿度值的添加后，在右侧单击"添加变量"按钮开始添加温度值的变量信息，如图5-16所示。以下是填写设备基本信息的步骤。

变量名称：自定义变量名称，例如"温度值"。根据传感器值的类型填写单位，例如温度的单位为℃。

寄存器：根据传感器连接的模拟量变送器接口选择相应的寄存器。例如，温度传感器连接到AI2口，则寄存器地址为40006。

图5-15 湿度值计算公式

图5-16 温度值配置

数据格式：选择"16位无符号"作为数据格式。

采集频率：根据实际采集需求自行选择采集频率，注意不要选择"不采集（主动上报）"选项。

存储方式：根据实际需要选择存储方式，可以选择"变化存储"或"全部存储"。

读写方式：根据实际需要选择读写方式，可以选择"读写"或"只读"模式。

（2）在完成温度值添加变量信息后，单击"高级选项"按钮。由于本次采集的是当前传感器的电压值，因此需要配置相应的传感器采集公式。经过计算，温度值的采集公式为%s/1000×24-40，其中%s代表实际采集的电压数值，如图5-17所示。配置完成后，单击"确认"按钮保存配置。

3）添加噪声传感器的噪声值

（1）在完成温度值信息添加后，在右侧单击"添加变量"按钮以开始添加噪声变量信息，如图5-18所示。以下是填写设备基本信息的步骤。

图5-17　温度值采集公式

图5-18　噪声值配置

变量名称：自定义变量名称，例如"噪声值"。根据传感器值的类型填写单位，例如噪声的单位为db。

寄存器：根据传感器连接的模拟量变送器接口选择相应的寄存器。例如，噪声传感器连接到AI3口，则寄存器地址为40007。

数据格式：选择"16位无符号"作为数据格式。

采集频率：根据实际采集需求自行选择采集频率，注意不要选择"不采集（主动上报）"选项。

存储方式：根据实际需要选择存储方式，可以选择"变化存储"或"全部存储"。

读写方式：根据实际需要选择读写方式，可以选择"读写"或"只读"模式。

（2）在添加噪声变量信息后，单击"高级选项"按钮。由于本次采集的是当前传感器的电压值，因此需要配置相应的传感器采集公式。具体的噪声值获取公式为%s/1000×18+30，其中%s为一个占位符，代表实际采集到的电压数值，如图5-19所示。配置完成后，单击"确认"按钮保存配置。

图5-19　噪声值获取公式

6. 保存数据

模拟量变送器上所连接的传感器，如温湿度传感器、噪声传感器值添加完成后单击"保存"按钮。这一步骤完成后，模拟量变送器将开始工作，实时监测环境中的温度、湿度和噪声水平，并将这些数据传输到控制系统中，如图5-20所示。

图5-20　完成传感器添加配置

（1）配置完成后，打开"云组态监控大屏"界面，可以一目了然地看到温度值、湿度值、噪声值等数据。如需了解各时间段内的温度变化情况，单击"历史数据"按钮，可以查看传感器的历史数据。图5-21所示为温度值的曲线图。

（2）在历史记录中再次单击，选择"湿度值"选项，单击"历史数据"按钮，即可查看对应时间段的湿度值曲线图。

（3）在历史记录中再次单击，选择"噪声值"选项，单击"历史数据"按钮，即可查看对应时间段的噪声值曲线图，如图5-22所示。

图5-21 温度值曲线图

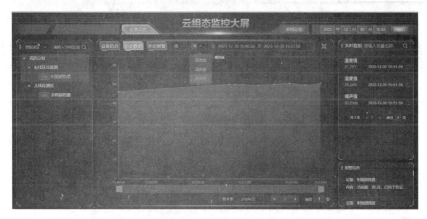

图5-22 噪声值曲线图

7. 传输数据

（1）根据之前所学的课程内容，将二氧化碳传感器、人体红外传感器、水浸传感器的数据成功上传至云平台。同时，风扇、照明灯、锁头、红色报警灯的控制信息也完成上传，如图5-23所示。

图5-23 上传传感器数据

（2）根据之前所学的课程内容，将ZigBee温湿度传感器、火焰传感器以及继电器的数据上传至云平台，如图5-24所示。

图5-24　上传传感器及继电器数据

5.1.5　项目实战

为确保家居的全方位智能化与安全保障，云平台集成了客厅环境监测系统、卧室无线环境监测系统、远程开锁系统、自动照明系统以及家居安防系统。这些系统各司其职，协同工作，共同为家居生活提供便利与安全。

1. 客厅环境监测系统

客厅环境监测系统能够实时监测温湿度传感器的温度值变化。当温度值超过设定阈值时，系统将自动启动风扇进行降温；当温度值降至设定阈值以下时，风扇将自动关闭，确保家居环境的恒温状态。系统实现步骤如下。

步骤1：选择"扩展功能"选项，单击"独立触发器"按钮，在"独立触发器"中单击"添加"按钮。

步骤2：为报警配置相关参数，如图5-25所示。

报警名称：客厅环境监测系统。

选择设备和变量：射频链路器、模拟量变送器、温度值。

触发条件：选择数值大于B，其中B的值可根据实验采集温度适当设定，以确保验证实验效果。

报警规则：自定义选择推送机制和推送方式。推送联系人也可随时设置。

报警推送内容：自定义设置。

回复正常推送内容：自定义设置。

图5-25　温度阈值设置

步骤3：向下滚动页面至底部，进入联动控制配置环节。

单击"开启联动"按钮，启动联动功能，如图5-26所示。

图5-26　开启联动控制

在联动变量部分选择射频链路器、联动控制器和风扇设备，并在下发数据中填写1，表示设备处于开启状态。选择联动类型为"控制"，确保联动功能的需求。单击"确认"按钮，完成联动控制的配置。

步骤4：重复步骤1和步骤2的操作，将步骤2中的触发条件设置为数值小于A。根据实验采集温度，将A的值设置为稍小的数值，以验证实验效果，如图5-27所示。

步骤5：在步骤3的联动变量配置环节，在设备选项中选择射频链路器、联动控制器、风扇。在下发数据字段中填写0，以表示设备处于关闭状态。确认上述设置无误后，单击"确认"按钮，如图5-28所示。

图5-27　温度阈值设置

图5-28　关闭风扇设置

2. 卧室无线环境监测系统

通过ZigBee无线组网技术实时监测ZigBee节点温湿度传感器的温度值变化。当温度值超过预设阈值时，系统将自动启动与ZigBee节点连接的风扇设备，以降低卧室内温度。当温度降至阈值以下时，系统将自动关闭风扇，以节约能源，并保持室内环境的恒温状态，为居住者提供舒适的卧室环境，确保卧室环境的舒适度和宜居性。系统实现步骤如下。

步骤1：添加设备控制流程，导航至左侧的设备管理界面，单击"扩展功能"按钮。在"独立触发器"选项中单击"添加"按钮。

步骤2：如图5-29所示，为报警配置以下参数。

报警名称：卧室无线环境监测系统。

选择设备和变量：射频链路器、模拟量变送器、温度。

图5-29　添加ZigBee温度阈值

触发条件：选择数值大于B，B的值可以根据实验采集温度设置稍大的数据，以便验证实验效果。

报警规则：可以自定义选择推送机制和推送方式。推送联系人也可以随时设置。

报警推送内容：自定义设置。

回复正常推送内容：自定义设置。

步骤3：继续将页面右侧的滚动条拖动至页面的最底部，进行联动控制的配置，如图5-30所示。

图5-30　打开ZigBee风扇

打开"开启联动"开关。在"联动变量"部分选择射频链路器、联动控制器、风扇设备，并在下发数据中填写1（表示打开状态）。选择"联动类型"为"控制"。单击"确认"按钮，完成联动控制的配置。

步骤4：重复步骤1和步骤2操作，将步骤2中的触发条件设置为数值小于A，A的值可以根据实验采集温度值设置为稍小的数据，以便验证实验效果，如图5-31所示。

图5-31　添加ZigBee温度阈值

步骤3中的"联动变量"部分选择射频链路器、联动控制器、风扇设备，并在下发数据中填写0（表示关闭状态）。设置完成后单击"确认"按钮，如图5-32所示。

图5-32　关闭ZigBee风扇

3. 远程开锁系统

可以通过按钮实现远程控制锁头的开启状态，以完成远程开锁操作。这一功能减少了用户亲自前往门口的必要性，有效降低了人力成本，提升了便利性。系统实现步骤如下。

步骤1：添加设备控制流程，导航至左侧的设备管理界面，单击"扩展功能"按钮。接下来，在"独立触发器"选项中单击"添加"按钮。

步骤2：如图5-33所示，为报警配置以下参数。

图5-33　按钮阈值

报警名称：远程开锁系统。

选择设备和变量：射频链路器、联动控制器、按钮。

触发条件：选择数值等于A，A的值可以根据实验采集按钮按下时的数据。

报警规则：可以自定义选择推送机制和推送方式，推送联系人也可以随时设置。

报警推送内容：自定义设置。

回复正常推送内容：自定义设置。

步骤3：继续将页面右侧的滚动条拖动至页面的最底部，进行联动控制的配置，如图5-34所示。

图5-34　打开锁头

打开"开启联动"开关。在"联动变量"部分选择射频链路器、联动控制器、锁头设备，并在下发数据中填写1（表示打开状态）。选择"联动类型"为"控制"。单击"确认"按钮，完成联动控制的配置。

步骤4：重复步骤1和步骤2操作，将步骤2中的触发条件设置为数值等于A，A的值可以根据实验采集按钮松开时的数据，如图5-35所示。

图5-35 按钮阈值

步骤3中"联动变量"部分选择射频链路器、联动控制器、锁头设备，并在下发数据中填写0（表示关闭状态）。设置完成后单击"确认"按钮，如图5-36所示。

图5-36 关闭锁头

4. 自动照明系统

人体进入传感器探测范围的情况下，传感器会即时产生高电平信号，并经过控制电路的驱动，点亮照明灯。反之，当人体离开传感器探测范围时，传感器会立刻产生低电平信号，控制电路随即关闭照明灯。自动照明系统极大地提升了使用的便捷性，无须手动操作照明灯。自动照明系统也能够有效节约能源，避免不必要的电能消耗。此外，自动照明系统还有助于延长照明灯的使用寿命，降低维护成本。系统实现步骤如下。

步骤1：添加设备控制流程，导航至左侧的设备管理界面，单击"扩展功能"按钮。接下来，在"独立触发器"选项下中单击"添加"按钮。

步骤2：如图5-37所示，为报警配置以下参数。

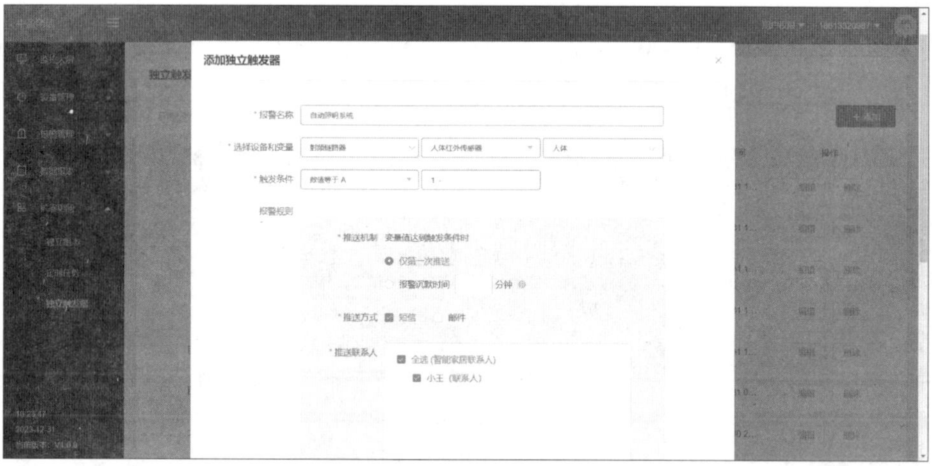

图5-37　监测到人体时的配置

报警名称：自动照明系统。

选择设备和变量：射频链路器、人体红外传感器、人体。

触发条件：选择数值等于A，A的值可以是实验监测到人体时，人体红外传感器获取的数据。

报警规则：可以自定义选择推送机制和推送方式，推送联系人也可以随时设置。

报警推送内容：自定义设置。

回复正常推送内容：自定义设置。

步骤3：继续将页面右侧的滚动条拖动至页面的最底部，进行联动控制的配置，如图5-38所示。

图5-38　照明灯打开

打开"开启联动"开关。在联动变量部分选择射频链路器、联动控制器、照明灯

设备，并在下发数据中填写1（表示打开状态）。选择"联动类型"为"控制"。单击
"确认"按钮，完成联动控制的配置。

步骤4： 重复步骤1和步骤2操作，将步骤2中的触发条件设置为数值等于A，A的值
可以根据实验采集按钮松开时的数据，如图5-39所示。

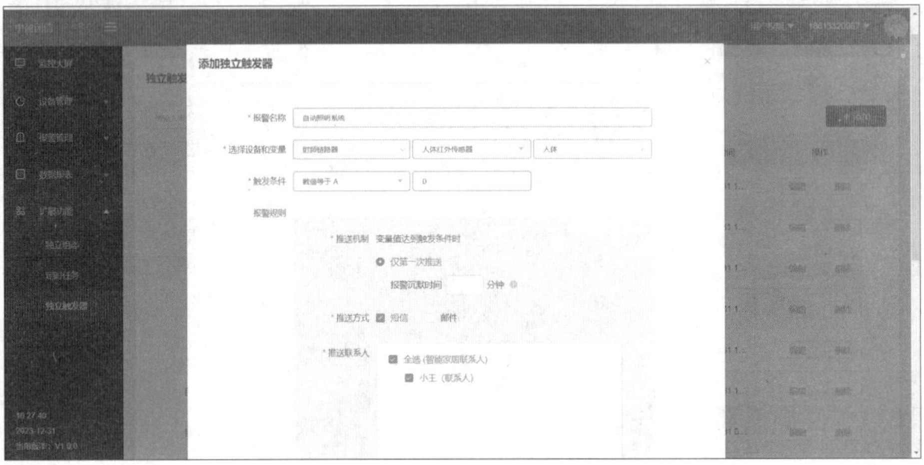

图5-39　无人时的配置

"联动变量"部分选择射频链路器、联动控制器、照明灯设备，并在下发数据中填
写0（表示关闭状态）。设置完成后单击"确认"按钮，如图5-40所示。

图5-40　照明灯关闭

5. 家居安防系统

通过激光对射能够实时、准确地监测家庭的安全状况，有效预防非法入侵事件的
发生。报警联动控制功能能够实现自动化操作，自动打开报警灯，增强警示效果，并向
用户发送短信，提高家庭的安全性。通过全方位的安全防护措施，智能家居系统安防系
统确保家庭安全无虞。无论是预防非法入侵，还是报警处理和联动控制，该系统都能

为用户提供高效、可靠的保障，让用户安心享受家庭生活的美好与温馨。系统实现步骤如下。

步骤1：添加设备控制流程，导航至左侧的设备管理界面，单击"扩展功能"按钮。接下来，在"独立触发器"选项中单击"添加"按钮。

步骤2：如图5-41所示，为报警配置以下参数。

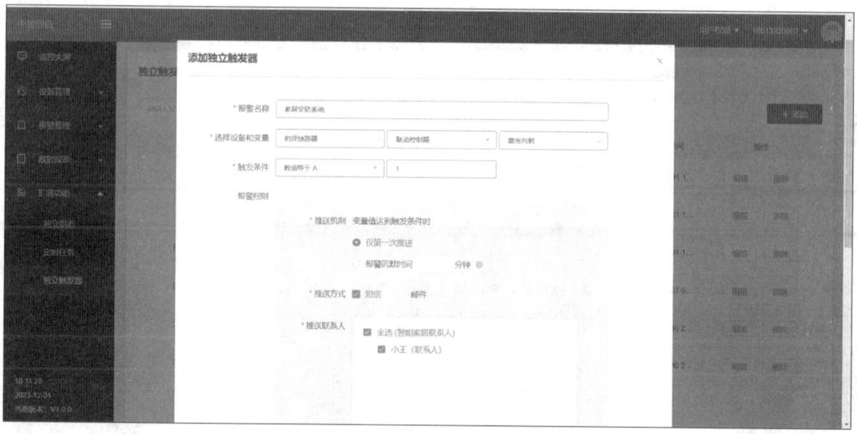

图5-41　激光对射配置

报警名称：家居安防系统。

选择设备和变量：射频链路器、联动控制器、激光对射。

触发条件：选择数值等于A，A的值可以根据实验采集激光对射触发时的数据，以便验证实验效果。

报警规则：可以自定义选择推送机制和推送方式，推送联系人也可以随时设置。

报警推送内容：自定义设置。

回复正常推送内容：自定义设置。

步骤3：继续将页面右侧的滚动条拖动至页面的最底部，进行联动控制的配置，如图5-42所示。

图5-42　报警灯打开

打开"开启联动"开关。"联动变量"部分选择射频链路器、联动控制器、报警灯设备，并在下发数据中填写1（表示打开状态）。选择"联动类型"为"控制"。单击"确认"按钮，完成联动控制的配置。

步骤4：重复步骤1和步骤2，将步骤2中的触发条件设置为数值等于A，A的值可以根据实验采集激光对射未触发时的状态，以便验证实验效果，如图5-43所示。

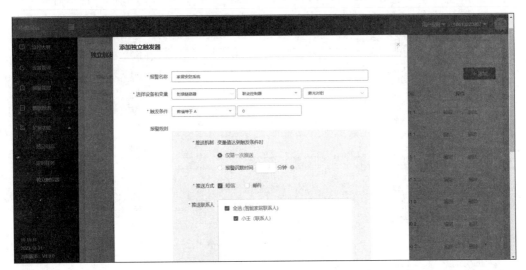

图5-43　激光对射配置

步骤3中"联动变量"部分选择射频链路器、联动控制器、报警灯设备，并在下发数据中填写0（表示关闭状态）。设置完成后单击"确认"按钮，如图5-44所示。

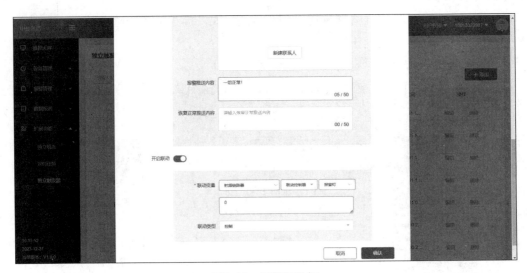

图5-44　报警灯关闭

完成所有独立触发器配置以后，根据所配置的客厅环境监测系统、卧室无线环境监测系统、远程开锁系统、自动照明系统、家居安防系统等智能控制系统，分别验证测试每个系统实现效果。

5.1.6　任务评价

完成任务后，填写任务评价表，如表5-3所示。

表5-3　任务评价表

检查内容	检查结果		满意率		
设备选型是否正确	是□	否□	100%□	70%□	50%□
设备安装是否符合规范	是□	否□	100%□	70%□	50%□
设备接线端子、线型选择是否正确	是□	否□	100%□	70%□	50%□
云平台任务中传感器是否能正常读取数据	是□	否□	100%□	70%□	50%□
云平台任务中执行器是否能正常控制	是□	否□	100%□	70%□	50%□
客厅环境监测系统是否能正常运行	是□	否□	100%□	70%□	50%□
卧室无线环境监测系统是否能正常运行	是□	否□	100%□	70%□	50%□
远程开锁系统是否能正常运行	是□	否□	100%□	70%□	50%□
自动照明系统是否能正常运行	是□	否□	100%□	70%□	50%□
家居安防系统是否能正常运行	是□	否□	100%□	70%□	50%□
完成任务后使用的工具是否摆放、收纳整齐	是□	否□	100%□	70%□	50%□
完成任务后工位及周边的卫生环境是否整洁	是□	否□	100%□	70%□	50%□

5.1.7　任务反思

在现有智能家居系统设备的基础上，自定义其他智能家居系统自动化场景，并在云平台上进行相应的配置，以实现家居的智能化控制效果。通过智能家居系统设备与云平台的结合，进一步研究如何提供更加便捷、高效的智能家居系统自动化场景，以满足不同的需求。

5.2 任务2 智能家居系统运行与维护

5.2.1 任务工单与任务准备

5.2.1.1 任务工单

智能家居系统运行维护的任务工单如表5-4所示。

表5-4 任务工单

任务名称	智能家居系统运维	学时	2	班级	
组别		组长		小组成绩	
组员姓名			组员成绩		
实训设备	桌面式实训操作平台	实训场地		时间	
学习任务	了解智能家居系统运维日常注意事项。 了解智能家居系统运维安全管理方案。 了解智能家居系统运维人员架构、运维流程				
任务目的	掌握智能家居系统运维的注意事项,以及运维流程的工作内容				
任务实施要求	① 深入理解并掌握智能家居系统的运作原理和操作规程,严格遵守运维规程,以确保系统的正常运行。 ② 运维过程中,运维人员需要时刻关注系统的运行状态,对可能存在的问题及时发现并解决。同时,应定期进行系统的维护和更新,以确保系统的性能和安全性。 ③ 模拟智能家居系统的运行状况,运维人员应与用户保持密切沟通,了解用户的需求和反馈,以便对系统进行持续的优化和完善				
实施人员	以小组为单位,成员2人				
结果评估(自评)	完成□ 基本完成□ 未完成□ 未开工□				
情况说明					
客户评估	很满意□ 满意□ 不满意□ 很不满意□				
客户签字					
公司评估	优秀□ 良好□ 合格□ 不合格□				

5.2.1.2 任务准备

1. 智能家居系统设备日常维护注意事项

1)为确保智能家居系统的稳定运行,定期对硬件设备进行检查

检查包括对各类传感器、执行器以及连接设备的细致检验,旨在确保所有设备均处

于良好的工作状态并维持正常的连接。如发现任何设备存在故障或连接问题，及时进行修复或更换，以保障系统的持续、高效运行。

2）设备连接状况的核查

由于智能家居系统要求各设备间能够协同工作和顺畅通信，必须定期检查设备的连接状态，确保各设备能够正常运行。无论采用无线连接还是有线连接，都应确保连接稳定可靠，以避免设备因信号弱或连接不稳定而频繁掉线。因此，需要定期检查设备的网络连接状态，一旦发现异常情况，应及时处理，以确保系统的正常运行。

3）定期更新系统软件

为确保智能家居系统的稳定运行与安全防护，需要对系统软件进行定期更新。智能家居系统通常由控制中心以及多种设备组成，如智能门锁、智能灯具和智能家电等。为了维护系统的稳定性与安全性，必须对设备的软件版本进行检查，并及时进行软件更新。可以通过系统的管理界面进行更新操作。此类更新不仅有助于修复可能存在的系统漏洞，还可能带来新的功能和性能提升。因此，务必确保智能家居系统设备保持最新的软件状态。

4）预防性维护

为确保系统性能达到最佳状态，必须定期采取预防性维护措施，如对设备进行清洁。由于各类设备的维护程序各有差异，应严格遵循制造商提供的操作指南。对于智能家居系统设备，要留意其外壳可能会积聚灰尘或污垢，进而影响散热效果。为避免设备过热，建议定期使用干燥的布或小型吸尘器清除外壳上的灰尘，同时切勿使用含有化学成分的清洁剂。

5）定期备份数据

为确保数据安全，避免数据丢失，应定期备份智能家居系统的数据。可以将数据同步至云端或外部硬盘驱动器，以确保数据得到妥善保护。

6）重视隐私保护

在设置和维护智能家居系统时，必须高度重视隐私保护。为确保个人信息的安全，应采取一系列必要的措施，例如设置和使用强密码、定期更改密码，以及禁用不必要的敏感功能等。通过这些措施，可以有效降低隐私泄露的风险，为用户提供更加安全可靠的智能家居系统环境。

7）定期更新系统

为确保智能家居系统的持续稳定运行和性能优化，需定期关注系统的更新情况。及时了解并应用新功能、安全补丁和改进措施，有助于保持系统的竞争优势，并适应不断变化的市场需求。在日常维护过程中，实施相应的安全措施和操作规范，有助于提高系统的安全性和可靠性。

2. 智能家居系统设备安全管理方案

1）网络安全问题

智能家居系统在实现远程控制家居设备的同时，必须依赖网络连接，这种依赖性也带来了相应的安全风险。网络黑客和病毒等潜在威胁，可以通过智能家居系统侵入用户家中，造成严重的后果。这些不良后果可能包括窃听用户谈话、盗取家中的重要信息，甚至侵犯用户的隐私权。因此，必须高度重视智能家居系统的网络安全问题，采取有效的安全措施，以确保用户的安全和隐私不受侵犯。

2）物理安全问题

智能家居系统设备已经全面融入了人们的日常生活，因此，其安全性变得极为关键。一旦智能门锁遭到非法入侵，不仅可能引发各类安全问题，还可能对家中的贵重物品构成威胁。因此，必须高度重视智能家居系统设备的安全性，确保其正常、稳定地运行，为家居生活提供可靠的安全保障。

3）数据安全问题

智能家居系统在运行过程中，往往会收集并存储用户的各类数据，例如用电习惯、家庭人员活动轨迹等。这些数据一旦被非法获取，可能对用户的安全和财产权益造成严重威胁与损害。因此，必须高度重视智能家居系统的数据安全问题，采取有效措施保护用户的数据不被泄露。

3. 智能家居系统安全的应对方法

1）加强网络安全防御

智能家居系统通过网络进行远程控制，因此网络安全至关重要。为了保障系统的安全，用户应选择在物联网网关、智能中心等入口设备上安装防火墙、入侵检测、反病毒软件等安全软件。这些安全软件可以有效检测并处理针对智能家居系统设备的攻击，确保系统的正常运行和家庭的安全。

2）加强物理安全防御

智能家居系统设备面临的首要安全威胁是来自入侵者的直接攻击，可能导致远程控制或监控的风险。为确保安全，用户应将智能家居系统设备放置在安全可靠的位置，并优先选择连接在采用严格加密方法的无线网络上。这样可以提高设备的安全性，防止未经授权的访问和潜在的风险。

3）保护重要数据

智能家居系统在收集用户数据时，通常会将数据存储在网络上。为了确保个人隐私的安全，用户应仔细审查各厂商的隐私声明，了解其对数据使用的具体规定。针对不同厂商的不同规则，用户可选择放弃部分功能，以换取更高的隐私安全保障。

4）定期升级智能家居系统和设备

为了确保智能家居系统设备的安全性，应定期关注设备的升级信息，并及时进行软件和系统的更新。这样做可以防止潜在的漏洞被不法分子利用，保护家庭的网络安全。

强烈建议用户保持智能家居系统设备的最新状态，以确保安全防护功能的完备性。

4.智能家居系统建立安全管理

1）风险评估

对智能家居系统产品的设计、生产和使用中可能存在的风险进行全面评估，确定相关安全标准和技术要求。

2）合规认证

制定产品合规认证制度，要求智能家居系统产品必须符合相关的安全标准，通过认证才能上市销售。

3）安全防护策略

确保智能家居系统产品的软硬件安全防护策略完备，包括身份认证、数据加密、网络安全等方面。

4）隐私保护

规定智能家居系统产品在收集、处理和存储个人信息时应遵守的隐私保护要求，确保用户数据的安全和隐私。

5）建立安全管理制度

制定并执行安全管理制度，包括安全漏洞监测与报告、应急响应和数据备份等方面。

6）安全培训

提高员工的安全意识，加强安全培训和教育，确保员工了解并遵守安全规定。

7）合作与监管

与相关部门和机构合作，共同制定和执行智能家居系统产品的安全标准和管理规定，加强监管和规范市场秩序。

5.2.2　任务目标

（1）了解物联网产品运维的人员架构和流程。

（2）模拟运维场景，对智能家居系统进行运维来提升产品。

（3）设计运维过程记录表并填写表格。

5.2.3　任务规划

根据所学的安装与调试的相关知识，制订完成本次任务的实施计划。计划的具体内容可以包括任务前准备、分工等，任务中的具体实施步骤，任务完成后的总结等内容。任务规划表如表5-5所示。

表5-5　任务规划表

任务名称	智能家居系统运维	
任务计划	① 了解智能家居系统运维人员架构以及负责内容。 ② 模拟智能家居系统运维场景、完成智能家居系统的运维。 ③ 设计填写运维记录表	
达成目标	了解智能家居系统的运维人员组织架构，并掌握智能家居系统运维过程	
序号	任务内容	所需时间/分钟
1	了解智能家居系统运维系统人员组织架构以及分工	25
2	模拟运维场景，对智能家居系统进行运维	45
3	设计运维记录表	10
4	填写运维记录表	10

5.2.4　任务实施

智能家居系统运维隶属于售后服务领域，旨在保障产品和系统的稳定运行，从而为客户提供更优质的服务。在某些公司中，运维团队是一个专门的部门，其人员构成主要包括智能家居系统运维管理人员以及其他相关职务的员工。这些人员具备专业的技能和知识，能够有效地解决智能家居系统产品及系统运行过程中可能出现的问题，确保客户能够享受到更加稳定、高效的服务。下面介绍智能家居系统运维人员配置。

智能家居系统运维人员架构以及职责分配如下。

1. 总负责人

作为运维团队的总负责人，肩负着制定和执行运维策略的重要职责，以保障智能家居系统的稳定运行。凭借丰富的管理经验和智能家居系统专业知识，总负责人需全面掌握系统运行状况，以便及时发现并解决潜在问题。同时，为确保运维工作的顺利进行，总负责人还需与各相关部门保持紧密沟通与协作。

主要职责如下。

（1）负责规划智能家居系统的整体架构和技术发展路线，以确保系统的先进性和稳定性。

（2）对系统性能进行全面评估，预测潜在的技术风险并评估安全风险，以保障系统的安全和可靠性。

（3）指导和监督其他工程师进行系统开发和集成工作，确保开发进度的顺利进行和系统集成的高效性。

（4）提供技术支持，负责系统的升级和维护工作，确保系统的持续稳定运行和较高的用户满意度。

2. 网络工程师

网络工程师负责智能家居系统的网络规划和部署工作，确保系统的网络通信畅通无阻。需要具备扎实的网络协议和通信技术知识，能够迅速解决各种网络故障和安全问题。主要职责如下。

（1）负责智能家居系统的网络架构设计，制定合理高效的网络方案。

（2）进行网络设备的配置和维护，确保设备正常运行。

（3）实时监控网络设备的运行状态，及时发现并解决网络故障，保障通信畅通。

（4）负责实施网络安全管理和防范措施，保障系统安全稳定运行。

3. 硬件运维工程师

硬件运维工程师在运维工作中发挥着举足轻重的作用，主要承担智能家居系统的安装、调试、维护及优化等任务。为了能妥善处理各类技术难题，硬件运维工程师必须具备扎实的专业知识和丰富的实践经验。此外，还需积极学习新知识、掌握新技术，以不断提升个人的专业技能，从而为智能家居系统的稳定运行提供强有力的技术支持。主要职责如下。

（1）负责智能家居系统的硬件设备选型和配置，确保系统性能和稳定性。

（2）进行硬件设备的安装和调试，确保设备正常运行并符合设计要求。

（3）监控硬件设备的运行状态，及时发现和处理硬件故障，保障系统稳定可靠。

（4）负责硬件设备的维护和保养，提高设备的使用寿命和运行效率。

4. 客户服务团队

客户服务团队承担着与用户进行持续沟通的职责。其主要任务是深入了解用户需求和反馈，并提供卓越的客户服务。要求团队成员具备出色的沟通技巧和服务意识，以便迅速解决用户遇到的问题，并提升用户的满意度。此外，为确保运维工作的全面优化，客户服务团队还需与其他部门保持紧密合作。

5. 数据分析师

数据分析师肩负着对智能家居系统所生成数据进行系统的收集、整理及深度分析的职责，为运维工作提供强有力的数据支撑。数据分析师应熟练掌握数据分析技术和工具，确保对大规模数据实现高效处理和精准分析。此外，数据分析团队还需与各相关部门通力合作，共同制定出科学合理的运维策略，以提升整个系统的运行效能。

6. 安全管理员

安全管理员肩负着确保智能家居系统安全稳定运行的重要使命，以防范数据泄露和系统遭受攻击。为此，其必须具备深厚的专业安全知识和技能，并能够制定和实施全面的安全策略。同时，安全管理员还需积极与各相关部门展开合作，共同提升系统的安全性，竭力保障用户的个人数据安全与隐私权益。

5.2.5　项目实战

幸福里小区中一套智能家居系统已安装并运行一段时间。为确保系统正常运行，需要专业的运维工程师上门进行检测，并详细填写运维记录单。在此场景下，两位同学需进行角色分工，其中一位同学模拟运维工程师，另一位同学模拟客户。通过这种模拟方式，可以更好地了解运维工程师的工作流程和客户的实际需求，从而更好地理解智能家居系统的运维。

下面讲解智能家居运维系统需要检测的几个关键方面以及相应的操作方法。

1．监测网络传输速度以及安全性

1）网络监控工具

网络监控工具是一种有效的手段，用于实时监测网络传输速度。这些工具能够对网络流量和数据包传输进行全面监控，从而提供关于网络传输速度和性能的深入了解。在众多可用的网络监控工具中，Wireshark是较为常用的工具。

2）安全扫描工具

可以使用安全扫描工具来检查网络安全性。这些工具可以扫描网络中的漏洞和弱点，帮助及时发现和修复安全问题。一些常用的安全扫描工具包括Nmap、Nessus等。

3）防火墙和入侵检测系统

部署防火墙和入侵检测系统可以增强网络的安全性。防火墙可以阻止未经授权的网络流量，而入侵检测系统可以实时监测网络流量和行为。

2．检查硬件是否正常

1）检查电源

首先需要确保传感器、执行器、采集模块正常供电，检查电源接头和线路是否损坏，并确保电压和电流符合传感器、执行器、采集模块的要求。

2）检查连接

检查传感器、执行器与采集模块设备之间的连接是否牢固，确保连接插头没有松动或损坏。

3）校准传感器

在排除电源和连接问题后，可以尝试校准传感器。校准过程需要根据传感器厂商提供的说明进行操作。

4）观察传感器输出

将传感器接入读数设备或数据采集系统，并观察传感器的输出。可以使用示波器或多用途测试仪等工具检查输出信号是否正常。

5）检查执行器

手动触发执行器查看，执行器运行是否正常，触发是否灵敏，可以使用一根电源线在联动控制器的输入端与常开口短接，测试执行的触发情况。

3. 检查线路是否有老化情况

1）检查电线绝缘皮

电线绝缘皮是否出现气泡，绝缘皮是否感觉柔软，或者在条件允许的情况下使用绝缘电阻表对线路进行测量，绝缘电阻越高越好，反之，就是线路老化需要更换了。

2）检查电源线线芯的外观

查看电源线线芯外观有无任何异常，可以直接查看设备连接之间电源线的铜线是否有变色等现象，若有，则表示电源线线芯老化。

4. 云平台运行情况是否正常

1）配置检查

需要检查智能家居系统设备的配置是否正确，包括检查配置中的参数、触发条件、执行计划等是否设置正确。

2）日志检查

查看执行器的日志文件，看是否有任何错误或异常的记录。正常的日志记录通常表示智能家居系统设备正在正常运行。

3）状态监控

使用状态监控工具或服务，检查智能家居系统设备的运行状态，包括检查进程是否在运行、资源使用情况等。

4）触发测试

尝试在云平台上手动触发执行器，看是否能够正常执行任务。这可以帮助验证触发机制是否正常工作。

5. 智能家居系统安全检测方法

1）系统安全

系统安全是智能家居系统稳定运行的基础，主要涉及硬件和软件两方面。硬件方面，应定期检查设备的运行状态，如发现异常应及时处理。此外，应定期更新软件，以修复可能存在的安全漏洞。

2）数据安全

数据安全对于智能家居系统至关重要，因为大量的个人信息存储在智能家居系统设备中。为保障数据安全，首先应对数据进行加密处理，防止未经授权的访问。此外，应设置合理的访问权限，限制对数据的访问。同时应定期备份数据，以防数据丢失。

3）网络安全

网络安全是智能家居系统的重要环节，智能家居系统设备通常需要通过互联网进行通信。为保障网络安全，应使用可靠的网络设备，并定期更新网络设备的固件或软件。此外，应设置强密码，并定期更换密码。同时，应开启防病毒和防火墙功能，防止恶意软件的入侵。

6.填写日常运维检查记录表

日常运维检查记录表如表5-6所示。

表5-6 日常运维检查记录表

检查分类	检查对象	检查内容	检查结果	备注
网络	网络监控工具	使用Wireshark对网络流量和数据包传输进行全面监控		
	安全扫描工具	使用工具扫描网络中的漏洞和弱点		
	防火墙和入侵检测系统	防火墙和入侵检测系统可以增强网络的安全性		
硬件	传感器	传感器采集值是否正常		
	执行器	执行器触发是否正常		
	采集模块	采集模块采集数据是否正常		
线路	电线绝缘皮	是否出现气泡、绝缘护套是否柔软		
	电源线的外观	铜线线芯是否变色		
云平台	配置检查	智能家居系统设备的配置是否正确		
	日志检查	是否有任何错误或异常的记录		
	状态监控	检查智能家居系统设备的运行状态		
	触发测试	执行器否能够正常快速触发		
安全	系统安全	硬件和软件是否为最新状态		
	数据安全	数据是否备份、有没有泄露		
	网络安全	网络是否安全		
检查人：			日期：	

5.2.6 任务评价

任务完成后填写任务评价表，如表5-7所示。

表5-7 任务评价表

检查内容	检查结果	满意率		
了解智能家居系统运维人员的组织架构以及分工	是□ 否□	100%□	70%□	50%□
模拟运维场景，是否可以对智能家居系统进行运维	是□ 否□	100%□	70%□	50%□
是否设计运维记录表	是□ 否□	100%□	70%□	50%□
是否能完整填写运维记录表	是□ 否□	100%□	70%□	50%□
完成任务后使用的工具是否摆放、收纳整齐	是□ 否□	100%□	70%□	50%□
完成任务后工位及周边的卫生环境是否整洁	是□ 否□	100%□	70%□	50%□

5.2.7 任务反思

想一想，为了系统运行稳定，后期维护方便，本项目智能家居系统的系统搭建过程中，哪些步骤环节可能存在潜在隐患，如何改进？

5.3 任务3 智能家居系统检测工具的使用

5.3.1 任务工单与任务准备

5.3.1.1 任务工单

智能家居系统检测工具使用的任务工单如表5-8所示。

表5-8 任务工单

任务名称	检测工具的使用	学时	3	班级	
组别		组长		小组成绩	
组员姓名			组员成绩		
实训设备	桌面式操作工位	实训场地		时间	
学习任务	掌握Wireshark的功能及其使用技巧。 掌握Advanced IP Scanner的功能及其使用方法。 学会有效检测电压型传感器的检测方法				
任务目的	了解并掌握Wireshark的功能及其抓包使用技巧。 系统学习Advanced IP Scanner的功能及其使用方法。 掌握电压型传感器的检测方法				
任务实施要求	① 通过使用Wireshark工具，可以有效地抓取网络接口卡（网卡）的发送数据包信息。 ② 利用Advanced IP Scanner技术，可以快速扫描并获取路由器、多模链路器和射频链路器的IP地址。 ③ 使用万用表对温湿度传感器和噪声传感器进行电压检测，以获取其准确的电压值				
实施人员	以小组为单位，成员2人				
结果评估（自评）	完成□　基本完成□　未完成□　未开工□				

5.3.1.2 任务准备

1. 智能家居系统软硬件检测方法

智能家居系统软硬件检测在确保系统稳定性、可靠性和安全性方面扮演着至关重要的角色。通过严谨的测试，能够发现产品设计中的缺陷和潜在问题，为产品的优化和升级提供有力依据。下面详细讲解智能家居系统软硬件的检测方法，以确保为用户提供卓越的智能家居系统体验。

1）硬件性能检测

（1）物理参数检测：智能家居系统设备应满足预设的尺寸、重量、材质等设计要求，同时，其外观应美观大方，结构应稳固可靠。

（2）接口测试：必须确保智能家居系统设备的各类接口，如USB、HDMI、WiFi、RS485、RS232等能够正常工作。同时，还需测试这些接口的稳定性和兼容性，以确保设备在不同环境下都能稳定运行。

（3）供电测试：智能家居系统设备在不同电压和电流下的工作状态需要进行细致的检查。此外，还需对电源适配器和电池的充电与放电性能进行测试，以确保设备在供电方面没有问题。

（4）环境适应性测试：在不同的环境条件下，如高温、低温、湿度、灰尘等，智能家居系统设备的性能表现需要进行全面测试。这有助于验证设备对各种环境的适应能力，确保设备在实际使用中的稳定性和可靠性。

2）软件功能测试

（1）单元测试：针对软件中的最小可测试单元进行验证，确保各功能点能够正确实现，无误差。

（2）集成测试：对多个功能单元进行组合测试，以验证各部分之间的协调性和互操作性，确保整体功能的正常运行。

（3）系统测试：对整个软件系统进行全面检测，核实所有功能是否满足用户需求，不存在任何漏洞和缺陷，保证软件的稳定性。

（4）兼容性测试：验证软件在不同操作系统、芯片组和其他硬件设备上的兼容性，以确保软件在不同环境中都能正常运行。

3）通信协议检测

（1）通信协议一致性检测：核实设备是否遵循既定的通信协议标准，以确保其符合行业规范和兼容性要求。

（2）通信性能测试：评估设备间通信的效率、可靠性和数据传输质量，以确保其在实际应用中的表现满足用户需求。

（3）网络互通性验证：检查设备与其他智能家居系统设备以及外部网络间的交互能力，以确保设备之间的有效信息流通和协同工作。

（4）安全通信评估：验证设备在通信过程中是否具备数据加密和身份验证等安全措施，以保障信息传输的安全性和隐私保护。

4）安全性能评估

（1）漏洞扫描：通过使用安全扫描工具，对设备进行全面的安全漏洞检查，确保设备安全无虞。

（2）渗透测试：模拟黑客攻击，以检验设备的安全防护能力，验证其抗攻击性能。

（3）数据保护：评估设备对用户数据的保护措施，包括数据的加密存储、传输和访问控制等，确保用户数据的安全性。

（4）安全更新：对设备的安全更新机制进行详细检查，验证设备是否能及时修补安全漏洞，提升设备整体安全性。

5）电磁兼容性检测

（1）电磁辐射测试：验证设备在工作过程中产生的电磁辐射是否符合相关标准，以确保设备不会对周围环境产生过大的电磁干扰。

（2）电磁抗扰度测试：验证设备对电磁干扰的抵抗能力，检查设备在受到外界电磁干扰时的工作稳定性，以确保设备在复杂电磁环境中能够正常工作。

（3）传导骚扰测试：评估设备对其他电子设备的干扰程度，以确定设备在正常工作时是否会对其他设备造成不良影响。

（4）无线频谱性能测试：旨在验证设备的无线频谱使用是否合规，以避免频谱冲突，确保设备在无线通信时能够正常工作，且不影响其他设备的正常使用。

6）可靠性评估

（1）故障模式分析：针对设备可能出现的各类故障模式进行细致分类，并进行深入分析，为后续的可靠性提升提供数据支撑。

（2）寿命测试：在正常工作条件下，对设备进行寿命测试，旨在评估设备的持久性和耐用程度。

（3）环境应力测试：模拟各种恶劣环境条件下的工作状态，进一步检验设备的稳定性和可靠性。

（4）可靠性评估：利用统计方法，对设备的可靠性性能指标进行评估。例如，平均故障间隔时间（MTBF）等关键指标的评估，以全面了解设备的可靠性水平。

7）能耗监测

（1）能源消耗量测定：对设备在待机及运行状态下的能源消耗进行测定，对设备的节能性能进行评估。

（2）节能优化建议：基于能耗监测结果提出优化建议，以降低设备能源消耗。

2．网络检测工具

Wireshark是一款在网络领域中备受推崇的数据包分析工具。该工具专注于捕获网络数据包，并为用户提供详尽的信息展示。在网络诊断和问题解决方面，Wireshark发挥着至关重要的作用，类似于电工使用的万用表，能够实时监测网络流量，并精确诊断潜在问题。

Wireshark的应用范围非常广泛。对于负责维护和管理网络环境的网络管理员，Wireshark是解决网络故障和性能问题的得力助手，能够帮助快速定位和解决网络问题。在网络安全领域，工程师可以利用Wireshark检测潜在的安全隐患和异常行为，保障网络的安全稳定运行。对于开发人员来说，Wireshark则是一个不可或缺的工具，能够帮助测试和调试协议的执行情况，提高开发效率和代码质量。除此之外，Wireshark还为网络协议的学习和研究提供宝贵的资源，通过分析捕获的数据包，用户可以深入了解各种网络协议的工作原理和实现机制。

Wireshark是具备多种过滤选项和查找方式的、功能强大的网络包分析工具。这款工具旨在为用户提供一个便捷的操作工具，使用户能够通过特定的筛选条件，快速找到关键信息。为了提升数据的可视化和可读性，Wireshark采用不同颜色的显示方式来区分数据包，并且配备丰富的统计分析功能。

总地来说，Wireshark这款强大、灵活且易于使用的网络包分析工具，其应用价值体现在解决网络问题、检测安全隐患、开发测试以及学习研究等方面。在安装和运行过程中，用户应充分考虑软硬件条件，并根据实际需求进行合理配置和使用，以确保达到最佳实践效果。

3. 电压型传感器检测方法

1）检测准备

将待测电压型传感器的输入端与适当的电源相接，确保传感器的正常工作电压。然后，将传感器的输出端与万用表或数字电压表的相应输入端相连，以便测量其电压值。接下来，设置万用表或数字电压表至电压测量挡位，确保准确测量电压值。最后，记录测量数据并进行分析，从而确定待测电压传感器的电压变化特性。需要注意的是，在应用直接法进行电压传感器检测时，务必根据待测传感器的额定电压范围选择适当的电源，并正确连接输入和输出端子，以确保测量的准确性和安全性。

2）测量范围

电压型传感器的测量范围是指传感器在正常工作条件下能够准确测量的电压范围。为了确保测量结果的准确性，被测电压必须在设定的测量范围内。一旦超出这个范围，传感器可能面临损坏的风险，同时测量结果的准确性也将受到影响。因此，在电压型传感器的检测过程中，首先应明确其测量范围，并在实际测试中严格控制被测电压，防止其超出该范围。

3）精度与误差

精度是指电压型传感器测量结果与实际值之间的接近程度，是衡量测量结果可靠性的重要指标。误差则是测量结果与实际值之间的差值，反映测量结果的准确性。在检测过程中，需要使用已知准确值的标准电压进行测试，以便评估传感器的精度和误差。精度和误差越小，说明传感器的性能越优良。此外，还需要考虑传感器在长期使用或不同环境中的稳定性和可靠性，以确保其持续可靠的测量性能。

4）线性度

线性度是衡量传感器输出与输入之间线性关系的参数。在理想情况下，传感器的输出信号应与输入电压成正比，即呈线性关系。然而，在实际应用中，由于各种因素的影响，传感器的输出信号可能无法完全与输入电压成正比。因此，为了确保传感器在实际应用中的准确性和可靠性，需要对其线性度进行检测。线性度越高，传感器的性能越优良。

5）响应时间

响应时间是指电压型传感器对输入变化作出反应所需的时间。在评估传感器性能时，响应时间是重要的考量因素之一。响应时间越短，说明传感器对输入变化的反应速度越快，能够更好地适应快速变化的应用场景。

在某些特定应用中，如高速电路保护和瞬态电压测量等，对传感器的响应时间要求非常高。如果传感器的响应时间较长，可能会影响对快速变化的电压信号的准确检测，进而影响整个系统的性能。

因此，在选择和使用电压型传感器时，需要对其响应时间进行评估。通过测试和比较不同传感器的响应时间，可以确保所选的传感器能够满足应用需求，并为系统提供准确、可靠的电压信号检测。

6）温度稳定性

温度稳定性是指电压型传感器在受到温度变化影响时，其输出信号的稳定性。在电压型传感器中，温度稳定性是一项重要的性能指标，直接关系到传感器在不同温度环境中的准确性和可靠性。因此，在某些特定应用场景，如高温或低温环境中的电压测量，对传感器的温度稳定性要求尤为严格。为了确保传感器的准确性和可靠性，检测过程中必须对传感器的温度稳定性进行评估。

7）电压型传感器性能的影响因素

噪声与干扰是影响电压型传感器性能的关键因素，需特别关注。噪声和干扰可能来源于电源、电磁场以及不良的接地状况。为确保传感器在复杂环境下仍能维持高准确性和可靠性，在检测过程中，需要对传感器在不同环境下的噪声和干扰抑制能力进行测试。

5.3.2　任务目标

（1）掌握Wireshark工具在网络性能检测中的运用方法。

（2）通过Advanced IP Scanner技术全面检测网络中的所有设备。

（3）深入学习如何运用万用表对电压型传感器进行准确检测。

5.3.3　任务规划

根据所学相关安装与调试的知识，制订并完成本次任务的实施计划。计划的具体内容可以包括任务前准备、分工等，任务中的具体实施步骤，以及任务完成后的总结等内容。任务规划表如表5-9所示。

表5-9　任务规划表

任务名称	检测工具的使用	
任务计划	① 通过使用Wireshark工具，可以有效地捕获网络接口的数据包信息。 ② 利用Advanced IP Scanner技术，能够迅速地扫描并获取路由器、多模链路器和射频链路器的IP地址。 ③ 使用万用表进行测量，可以准确地检测温湿度传感器和噪声传感器的电压值	
达成目标	使用智能家居系统的软件及硬件检测工具，可以有效地检测智能家居系统运行网络的稳定性和硬件设备的状态。通过这些工具，用户可以快速识别并解决网络连接问题，以及硬件设备可能出现的问题。这有助于确保智能家居系统的正常运行，提升用户的使用体验	
序号	任务内容	所需时间/分钟
1	使用Wireshark抓取射频链路器、多模链路器等网络设备向云平台发送的数据包	45
2	解析Wireshark射频链路器、多模链路器数据包	25
3	使用Advanced IP Scanner扫描并获取路由器、多模链路器、射频链路器的IP地址	25
4	使用万用表检测温湿度传感器的电压值	20
5	使用万用表检测噪声传感器的电压值	20

5.3.4　任务实施

5.3.4.1　使用 Wireshark 抓包实验

（1）下载Wireshark软件。安装完成后打开Wireshark软件（图5-45），将网线一端连接到路由器，一端连接到计算机。同时保证智能家居系统内的所有网络设备都连接到局域网内，选择要抓取的网络接口，例如以太网、WLAN等。

图5-45　Wireshark界面

（2）单击◎按钮进入设置界面，在界面中选择本机网卡。确保所有接口均处于混杂模式，勾选该选项后单击"开始"按钮，如图5-46所示。此时，Wireshark开始捕获网络中的数据包，进行抓包操作。

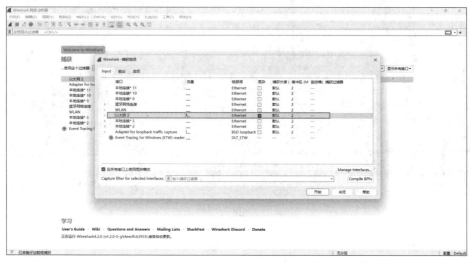

图5-46   设置Wireshark抓包网口

（3）在数据包捕获过程中，Wireshark界面能够实时展示所捕获的数据包详情，具体包括协议类别、数据包长度以及发送与接收时间等关键信息，如图5-47所示。

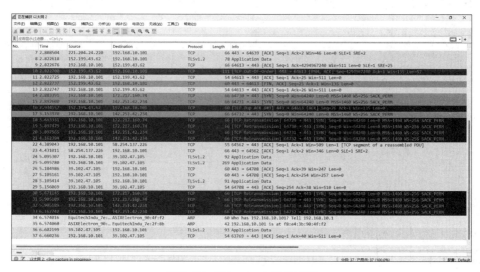

图5-47   Wireshark抓包过程

（4）同时按Windows键和R键，打开运行窗口，输入CMD并按Enter键，打开命令提示符窗口。在命令提示符窗口中输入"ping iot.intransing.net"命令，查看物联网云平台的IP地址，如图5-48所示。

（5）在抓包界面应用显示过滤界面中，输入"ip.addr==192.168.10.101"，其中"192.168.10.101"为本地的IP地址，如图5-49所示。

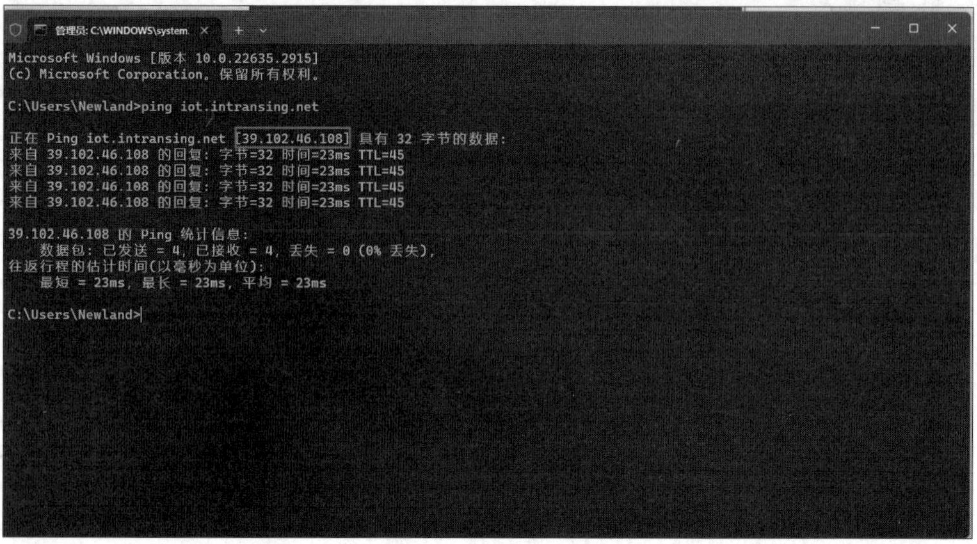

图5-48　测试云平台地址

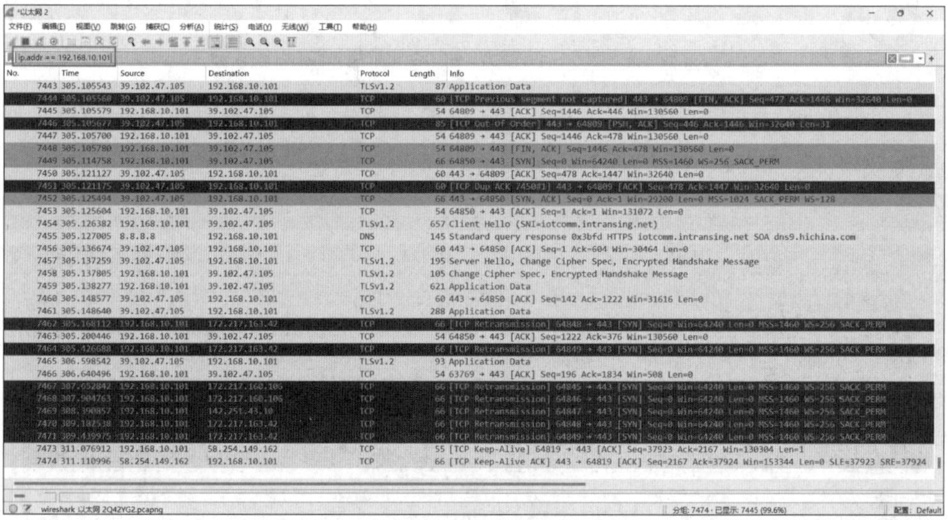

图5-49　设置Wireshark过滤

（6）在停止抓包后，可以使用Wireshark的过滤器功能，对捕获到的数据包进行筛选和过滤，确保只选择需要分析的数据包。这样能够提高分析的效率和准确性，确保能够更好地理解网络通信情况。利用前面查找的云平台地址，在抓包内容里找到往云平台云发送的数据包，如图5-50所示。

（7）通过对网络传输至云平台地址的数据进行筛选，双击打开数据包并深入剖析，以全面获取其包含的详细信息、协议层次结构以及流量分析等关键数据，如图5-51所示。

（8）可以将捕获到的数据包保存为文件，以便后续分析和处理。

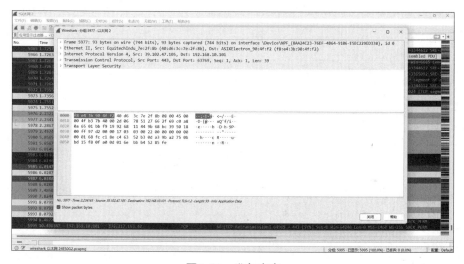

图5-50　查找云平台地址

图5-51　发包内容

5.3.4.2　使用 Advanced IP Scanner 扫描局域网内网络设备

Advanced IP Scanner是一款专为快速定位局域网内活跃IP地址打造的强大工具。其具备丰富的扫描选项和多样的扫描模式，充分满足IT专业人员和网络管理员在IP管理方面的需求。

1. 安装步骤

从官网获取Advanced IP Scanner的安装包。下载完成以后启动安装程序。通过双击该安装包，即可启动安装过程并完成软件的安装。

2. 启动程序

在完成安装后，用户可以在开始菜单中找到已安装的Advanced IP Scanner。单击

"启动"按钮启动程序。该程序界面设计简洁，为用户提供直观的操作体验，如图5-52所示。

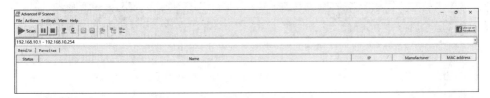

图5-52 Advanced IP Scanner程序界面

3. 基础操作

（1）设定扫描范围：通过单击IP按钮，系统将自动生成当前计算机所连接局域网的扫描IP范围。

（2）扫描网络：在选定要扫描的网络范围后，单击Scan按钮以启动扫描过程。

（3）查看结果：扫描完成后，可以在结果列表中查看当前活跃的IP地址，如图5-53所示。

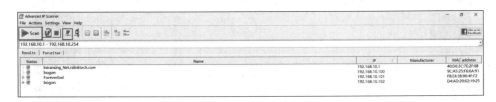

图5-53 获取所有IP地址

（4）连接到设备：经过扫描，单击结果中的IP地址，在下拉内容中双击，能够直接与相应设备建立连接，如图5-54所示。

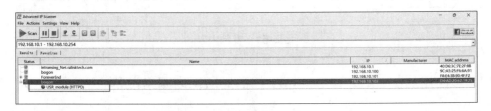

图5-54 双击可直接进入设备

4. 高级功能

（1）多线程扫描：系统支持多线程扫描技术，显著提升扫描速度，大幅提高工作效率。

（2）自定义扫描：用户可根据不同需求自定义扫描参数，灵活应对各种场景，确保满足个性化需求。

（3）导出结果：提供将扫描结果导出为CSV格式的功能，方便用户对结果进行进一步的分析和管理，提高数据处理的便捷性。

5. 常见问题及其解决方案

问题1：无法连接到指定的IP地址。

解决方案：应首先核实网络连接状态，检查IP地址是否正确无误，并确认目标设备允许远程连接。

问题2：扫描速度过慢。

解决方案：可尝试缩小扫描的IP地址范围，或采用更快速的扫描方式（例如多线程扫描）。

问题3：无法启动软件。

解决方案：重新安装软件或者联系技术支持以获取帮助。

5.3.5　项目实战

使用万用表对电压传感器进行检测，是评估其功能和性能的一种基本手段。以下是进行此类检测的一般步骤。

（1）确保在开始检测前，电压传感器除供电外与其他任何设备的连接均已安全断开，以防止对万用表或传感器造成损害。

（2）将万用表调整至适当的电压测量范围。通常对于大多数的电压传感器，需要将万用表设定在直流电压挡（DC），如图5-55所示。

（3）使用万用表的红色探针接触电压传感器的信号线端，黑色探针连接到供电的GND端，确保探针接触良好且无任何电路连接。

（4）给电压型传感器进行供电，读取并记录万用表显示的电压值，正常情况下，可以直接读取到当前电压型传感器的实时电压值。图5-56所示为读取的数显型温湿度传感器的温度信号线电压。

图5-55　万用表拨码　　　　　　图5-56　测量传感器电压值

（5）按照上述步骤进行操作，分别测量数显型温湿度传感器的湿度信号、噪声传感器的电压值，并记录数据相应的电压值。注意，这一步必须重复进行以验证传感器性能的稳定性。

5.3.6　任务评价

任务完成后，填写任务评价表，如表5-10所示。

表5-10　任务评价表

检查内容	检查结果	满意率		
是否可以使用Wireshark抓取到网络包	是□　否□	100%□	70%□	50%□
是否可以获取网络包并解析Wireshark数据包	是□　否□	100%□	70%□	50%□
使用Advanced IP Scanner是否可以扫描并获取路由器、多模链路器、射频链路器的IP地址	是□　否□	100%□	70%□	50%□
是否能使用万用表检测数显型温湿度传感器的电压值	是□　否□	100%□	70%□	50%□
是否能使用万用表检测噪声传感器的电压值	是□　否□	100%□	70%□	50%□
完成任务后使用的工具是否摆放、收纳整齐	是□　否□	100%□	70%□	50%□
完成任务后工位及周边的卫生环境是否整洁	是□　否□	100%□	70%□	50%□

5.3.7　任务反思

是否还有其他网络检测工具和硬件检测工具能够实现智能家居系统软件及硬件环境的检测？举例说明并验证操作。

5.4 任务4 幸福里智能家居系统售后服务

5.4.1 任务工单与任务准备

5.4.1.1 任务工单

幸福里智能家居系统售后服务任务工单如表5-11所示。

表5-11 任务工单

任务名称	幸福里智能家居系统售后服务	学时	3	班级	
组别		组长		小组成绩	
组员姓名			组员成绩		
实训设备	实训室计算机	实训场地		时间	
学习任务	① 编写智能家居系统产品说明书。 ② 了解售后服务规范。 ③ 模拟上门智能家居系统售后维护				
任务目的	① 学习如何编写智能家居系统产品说明书。 ② 学习售后服务规范编。 ③ 学习如何进行智能家居系统售后服务,并填写售后服务单				
任务实施要求	① 编写数显型温湿度传感器说明书。 ② 编写模拟量变送器说明书。 ③ 学习售后服务规范编。 ④ 模拟上门售后维护学习售后服务流程				
实施人员	以小组为单位,成员2人				
结果评估(自评)	完成□ 基本完成□ 未完成□ 未开工□				
情况说明					
客户评估	很满意□ 满意□ 不满意□ 很不满意□				
客户签字					
公司评估	优秀□ 良好□ 合格□ 不合格□				

5.4.1.2 任务准备

1. 产品说明书编写规范

1)产品介绍

在编写说明书之初,务必对各产品进行全面而详尽的阐述。这一部分应涵盖产品的名称、用途、特性以及优势等关键信息。同时,还应提供产品的基本组成部件和使用材料等基础数据。在描述产品时，务必保持语言简洁明了，确保读者能够快速理解产品的基本属性。

2）使用方法

对产品使用方法进行详尽的阐述。为确保用户能够准确理解，将为每个功能或操作步骤配备清晰的插图以及简洁的文字说明。同时，对于可能遇到的问题或特殊情境，还将提供额外的提示和解决方案。在编写过程中，始终将用户需求放在首位，力求提供更具人性化的使用指导。

3）安全警告

安全警告部分作为说明书的关键环节，旨在警示用户在使用产品过程中可能面临的安全隐患。为确保用户能够充分了解潜在危险及事故，务必详尽列出可能发生的危险情况，并针对每一种情况提供相应的预防措施和应对策略。确保此部分内容以醒目的字体和颜色呈现，以便用户能及时注意到安全警示内容。

4）维护与保养

为确保产品的长期稳定运行及性能优化，提供详尽的维护与保养指南。该指南需详细阐述产品各部件的清洁、润滑及检查等基础维护工作，以保障产品正常运行。同时，用户将通过此指南了解如何进行常规检查及预防性维护，从而延长产品的使用寿命并优化其性能。

5）故障排除

当产品发生故障时，用户需要迅速获取解决方案。在故障排除部分，应全面列出可能遇到的故障及其产生原因，并针对每个问题提供相应的解决措施。对于无法自行解决的问题，用户应被引导至专业人员寻求协助。为了方便用户查阅，建议按故障类型或部位进行分类说明。

6）包装内容

为了确保用户购买的产品完整性，说明书应详细列出包装盒内的所有物品，不仅包括产品本身，还须涵盖所有配件、保修卡和说明书等附属品。一旦发现任何缺失或错漏，用户应立即与生产商或销售商取得联系，以防止任何潜在的问题或不便。

7）生产商信息

为便于用户与生产商建立联系和咨询，应在说明书末尾提供生产商的详细信息。这些信息包括公司名称、地址、联系方式以及售后服务电话等，以便用户在遇到问题时能够及时联系并获得帮助。

8）法律声明

法律声明部分旨在向用户传达一些法律事项，包括但不限于产品版权、专利权及使用限制。为确保各方权益，应明确说明生产商对产品的责任范围以及任何免责条款。在编制法律声明时，务必确保其符合相关法律法规，且所有关键信息均已清晰表达。

2. 售后服务规范

1）售后服务目标

（1）客户满意：为客户提供高质量的售后服务，提高客户满意度和忠诚度。

（2）快速响应：及时响应客户需求，快速解决客户问题。

（3）降低客户损失：尽可能降低因产品故障等原因给客户造成的损失。

2）服务流程

（1）受理服务请求：接收客户的服务请求，记录客户问题及需求。

（2）分析问题：对客户问题进行分析，确定解决方案。

（3）实施解决方案：按照解决方案进行维修、更换部件或提供其他必要的服务。

（4）确认服务效果：确保客户问题得到解决，并收集客户反馈意见。

（5）跟踪回访：对已完成服务的客户进行跟踪回访，确保服务效果持久。

3）服务标准

（1）服务态度：服务人员应热情、耐心、细致地为客户提供服务，不得对客户冷漠、推诿或拒绝提供服务。

（2）服务时间：服务人员应在规定的工作时间内为客户提供服务，如需延长工作时间，应与客户协商并得到客户的同意。

（3）服务质量：服务人员应具备相应的技能和知识，确保服务质量符合行业标准和客户期望。

（4）服务费用：服务费用应合理透明，不得存在乱收费、高收费等行为。

（5）售后服务记录：服务人员应对售后服务过程进行记录，确保可追溯性和质量保证。

4）服务人员行为准则

（1）遵守法律法规：服务人员应遵守国家法律法规和公司规章制度，不得违法违规操作。

（2）保护客户隐私：服务人员应保护客户隐私信息，不得泄露给无关人员。

5.4.2　任务目标

（1）能根据项目实施，完成产品的详细说明，包括产品的名称、用途、特性以及优势等关键信息。

（2）能根据项目实施，完成产品的操作步骤详细说明，以及重要产品的注意事项。

（3）能根据项目实施，完成产品的故障建议排查信息。

（4）能够编写售后服务方案，熟悉售后服务流程。

5.4.3　任务规划

根据所学相关设备产品知识，制订并完成本次任务的实施计划。计划的具体内容可以包括任务前准备、分工等，任务中的具体实施步骤，以及任务完成后的总结等内容。任务规划表如表5-12所示。

表5-12　任务规划表

任务名称	幸福里智能家居系统售后服务	
任务计划	① 完成数显型温湿度传感器、模拟量变送器产品的详细说明，包括产品的名称、用途、特性以及优势等关键信息。 ② 根据项目实施，能完成数显型温湿度传感器、模拟量变送器操作步骤的详细说明，以及重要产品的注意事项。 ③ 能完成售后服务模拟训练，并填写售后服务记录表	
达成目标	完成项目的产品详细说明书	
序号	任务内容	所需时间/分钟
1	编写数显型温湿度传感器、模拟量变送器的说明书	25
2	编写数显型温湿度传感器、模拟量变送器的操作明细	25
3	编写数显型温湿度传感器、模拟量变送器的注意事项	25
5	模拟售后服务	30
6	填写售后服务记录表	30

5.4.4　任务实施

5.4.4.1　编写数显型温湿度传感器的产品说明

1. 编写产品简介

产品简介要求对数显型温湿度传感器进行全面且详尽的阐述，包括产品的名称、用途、特性以及优势等关键信息。描述产品时，保持语言简洁明了，确保用户能够快速理解产品的基本属性。下面是数显型温湿度传感器（图5-57）的产品简介。

该传感器尺寸为110mm×85mm×44mm，数码管温湿度变送器具备显示功能，可实时显示当前温湿度。探头类型多样，适用于不同现场环境。广泛应用于通信机房、仓库楼宇以及自控等需要温度监测的场所。采用标准工业接口0～5V模拟量信号输出，可接入数显表、PLC、变频器、工控主机等设备。

图5-57　数显型温湿度传感器外形

2. 功能特点

设备采用10～30V宽电压范围供电，可同时适用于四线制与三线制接法。

3. 主要参数

数显型温湿度传感器的主要参数如表5-13所示。

表5-13　主要参数

直流供电（默认）		10～30V DC
最大功耗	电流输出	1.2W
	电压输出	1.2W
精度（默认）	湿度	±3%RH（60%RH，25℃）
	温度	±0.5℃（25℃）
变送器电路工作温湿度		−40℃～60℃，0%RH～80%RH
探头工作温度		−40℃～120℃，默认为−40℃～80℃
探头工作湿度		0%RH～100%RH

4. 硬件连接

安装方式为壁挂式安装，安装孔位于设备两侧中部位置，安装孔径小于4mm，孔距为105mm，可使用3mm的自攻螺丝安装。

5. 接线说明

模拟量型传感器接线简单，只需要将线与设备的指定端口连接即可。设备标配是具有2路独立的模拟量输出，同时适应三线制与四线制。三线制接法如图5-58所示。模拟量0～5V电压输出如表5-14所示。

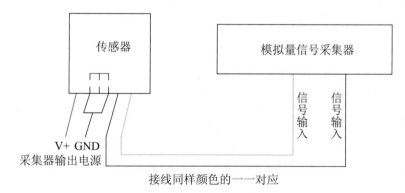

图5-58　三线制接法示意图

表5-14　模拟量0～5V电压输出

项目	最低值	最高值
电压值	0V	5V
温度	−40℃	80℃
湿度	0%	100%

计算公式为温度=V（电压）×24-40（℃）。

计算公式为湿度=V（电压）×20（%）。

例如当前情况下采集到的数据湿度是2V，此时计算湿度的值为40%。采集到的数据温度是4V，此时计算温度的值为56℃。

注意：

电源接口为宽电压电源输入，10～30V均可，模拟量型产品注意信号线正负极，不要将电流/电压信号线的正负极接反。传感器接线可根据表5-15所示进行连接。

表5-15 接线定义表

	线色	说明
电源	棕色	电源正
	黑色	电源负
输出	蓝色	温度信号正
	绿色	温度信号负
	黄色	湿度信号正
	白色	湿度信号负

5.4.4.2 模拟量变送器的产品说明

1. 模块介绍

该模块是一款具备4路模拟量输入采集能力的设备，可接收0～5V的信号。适用于各种工业现场的设备信号采集与控制应用。该模块采用标准的RS232/RS485（MODBUSRTU）通信协议，可方便地与PLC、组态软件以及工业触控屏等设备进行组网连接。为降低通信过程中的干扰，RS232/RS485通信接口采用隔离设计，能有效防止设备损坏。此外，该模块还配备了通信状态指示灯，方便用户实时监控通信状态。模拟量变送器的主要参数如表5-16所示。

表5-16 主要参数

信号输入通道	4路
供电电压	12V DC、24V DC
输入信号	4～20mA、0～20mA、0～5V、0～10V（可选）
采集速率	单通道10Hz
输出信号	RS485/RS232
通信接口	RS485/RS232（Modbus-RTU协议）
波特率	1200～115200（可设置）
通信地址	1～250（可设置）
工作温度	−20℃～60℃
隔离保护	3000VDC
安装方式	标准DIN导轨安装或螺丝安装
外形尺寸	127mm×72mm×45mm

2. 接口定义

模拟量变送器的接口定义如表5-17所示。接线示意如图5-59所示。

表5-17　接口定义表

序号	端口	说明	序号	端口	说明
1	VCC	输出电源正极	20	VCC	模块供电正极
2	VCC	输出电源正极	19	GND	模块供电负极
3	AI1+	输入通道1正极	18	485+	RS485正端A+
4	AI1-	输入通道1负极	17	485-	RS485负端B-
5	AI2+	输入通道2正极	16	GND	RS485地
6	AI2-	输入通道2负极	15	TXD	RS232发送端
7	AI3+	输入通道3正极	14	RXD	RS232接收端
8	AI3-	输入通道3负极	13	GND	RS232地
9	AI4+	输入通道4正极	12	NC	悬空
10	AI4-	输入通道4负极	11	NC	悬空

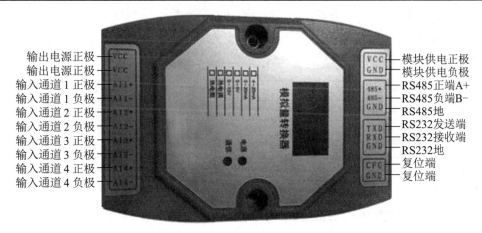

图5-59　模拟量变送器接线示意图

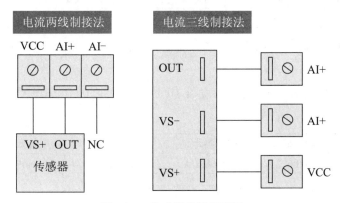

图5-60　传感器接线示意图

1）通信说明

采用Modbus-RTU通信规约，格式如下。

初始结构≥4字节的时间。

地址码=1字节。

功能码=1字节。

数据区=N字节。

错误校验=16位CRC码。

结束结构≥4字节的时间。

地址码：为变送器的起始地址，在通信网络中是唯一的（出厂默认为0x01）。

功能码：主机所发指令功能指示，本变送器用到功能码0x03（读取寄存器数据）。

0x06（写入寄存器数据）数据区：数据区是具体通信数据。注意，16位数据高字节在前。

CRC码：二字节的校验码。

主机问询帧结构：

地址码	功能码	寄存器起始地址	寄存器长度	校验码低位	校验码高位
1字节	1字节	1字节	1字节	1字节	1字节

从机应答帧结构：

地址码	功能码	有效字节数	第一数据区	第二数据区	第N数据区	校验码
1字节	1字节	1字节	2字节	2字节	2字节	2字节

问询地址查询：

地址码	功能码	起始地址	数据长度	校验码低位	校验码高位
0x02	0x03	0x000x04	0x000x02	0x85	0xF9

该命令表示：读02号设备通道1和通道2的当前值。

应答帧：

地址码	功能码	有效字节	寄存器数据1	寄存器数据2	校验低位	校验高位
0x02	0x03	Ox04	0x010x32	0x020x2A	0xE9	0XBF

接受指令说明：模拟量输入通道1电流值为0132，转换为十进制为306，通道2算法相同。

写入寄存器，例如写模块地址命令如下，发送：0106000A000569CB（十六进制）。

地址码	功能码	寄存器地址	寄存器值	校验低位	校验高位
0x01	0x06	0x000x0A	0x000x05	0x69	0xCB

该命令表示向一个模块发送指令，设置模块的新地址为05。

应答帧：

地址码	功能码	寄存器地址	寄存器值	校验低位	校验高位
0x01	0x06	0x000x0A	0x000x05	0x69	0xCB

2）模块配置模式

设置模块地址、通信参数需进入配置模式，将模块的CFG（复位端）和GND（复位端）用短路端子短路，重新上电后即进入配置模式。配置模式下通信参数为出厂默认值（9600，N，8，1），模块通信地址默认为01，写入模块配置命令后必须断开CFG和GND之间的短路端子，并重新上电，配置命令生效。寄存器地址如表5-18所示。

表5-18　MODBUS寄存器地址表

寄存器地址	寄存器个数	变量名称	寄存器类型	说明
40001	1	保留	只读	保留
40002	1	保留	只读	
40003	1	保留	只读	
40004	1	保留	只读	
40005	1	AI1输入量	只读	单位0.001A或0.001V
40006	1	AI2输入量	只读	
40007	1	AI3输入量	只读	
40008	1	AI4输入量	只读	
40009	1	保留	只读	保留
40010	1	保留	只读	
40011	1	Modbus地址	读/写	默认值为1
40012	1	通信波特率	读/写	默认值为9600
40013	1	通信校验位	读/写	默认无校验

5.4.5　项目实战

1. 如何编写售后服务方案

1）售后服务宗旨

售后服务宗旨是专业、细致、快捷、真诚。以客户满意为的最大追求，竭诚为客户提供全方位的售后服务。

2）售后服务团队

售后服务团队由一群经验丰富、技术精湛的专业人员组成，致力于提供优质的售后服务，确保客户的满意度。

2. 售后服务内容

（1）技术支持：为客户提供全面的技术支持，包括产品使用、故障排除等。

（2）维修服务：提供产品维修服务，包括产品硬件和软件的维修。

（3）退换货服务：按照国家相关法律法规提供退换货服务。

（4）客户回访：定期对客户进行回访，了解产品使用情况，收集客户反馈。

（5）客户培训：为客户提供产品使用培训，提高客户的使用体验。

3. 售后服务流程

（1）客户报修：客户可通过电话、邮件、在线客服等方式联系，报修产品及故障情况。

（2）派单处理：售后服务团队接收到报修信息后，将及时派单给相关技术人员。

（3）技术支持：技术人员将为客户提供技术支持，解决产品故障问题。

（4）维修服务：如产品需要维修，将提供维修服务，确保产品恢复正常运行。

（5）客户回访：维修服务完成后，将对客户进行回访，了解产品使用情况及满意度。

4. 售后服务承诺

承诺为客户提供高质量的售后服务，将不断改进服务，以满足客户的需求。通过努力将得到满意的售后服务体验。

5. 设计一个场景

客户甲（由一位同学担任）安装智能家居系统设备使用过程中，发现温湿度传感器采集的值出现了测量值不准的情况，拨打公司400售后服务电话，作为公司的售后服务人员（由另一位同学担任），被安排去对客户甲进行检测维修，并编写售后服务记录表。

作为售后服务人员上门服务时，需要注意以下几点。

1）准时到达

为确保服务质量和客户满意度，应当严格遵守与客户约定的时间，准时到达客户预约地点。如遇到特殊情况导致无法准时到达，工作人员应及时与客户取得联系，解释原因并取得客户的谅解。通过及时沟通，可以避免不必要的误解和不满，确保服务顺利进行。

2）做好准备工作

在提供上门服务之前，需要全面了解客户的需求，并确保已准备好所需的工具和材料。如有必要，应提前告知客户需要准备的事项，以便客户能够提前做好相应的准备工作。

3）注意形象

售后服务人员应当维持良好的形象，确保穿着整洁得体，同时言谈举止需展现出礼貌和专业素养。这样的形象不仅代表着公司的形象，而且能够赢得客户的信任，进一步巩固客户关系。

4）尊重客户

在提供服务时，必须充分尊重客户的意见和需求，认真倾听客户的诉求，并给予及时、专业的回应和解决方案。这是应尽的责任和义务，也是提升客户满意度的重要途径。

5）注意安全

在提供服务的过程中，必须始终重视安全操作，坚决防止因操作失误而引发意外事故。任何需要移动电器设备的情况，都必须先确保电源已安全切断，同时仔细检查设备是否处于安全稳定的状态。通过这些预防措施，可以最大限度地减少潜在的风险，保障人员和财产的安全。

6）保持清洁

在提供服务期间，必须严格维持工作区域的整洁，以防止对客户的居住环境造成任何不良影响。在完成服务后，必须彻底清理现场，以确保客户对售后工作感到满意。

7）做好记录

在提供服务的过程中，必须对服务内容、客户反馈以及问题解决方案进行详细记录。这不仅有助于公司全面了解客户需求和遇到的问题，还能帮助售后服务人员总结经验，提升服务质量。因此，在利用前面所学的知识检查完模拟量变送器故障原因并维修以后，务必认真填写售后服务记录表（表5-19）。

表5-19　售后服务记录表

用户名称		地址	
联系人		联系电话	
设备名称		保修期内	是□　否□
售后服务人员		联系电话	
售后服务内容	故障原因		
	解决方案		
	其他服务		
售后服务结束	收费情况		
	评价建议	是否满意： 非常满意□　满意□ 一般□　　　不满意□	
		意见建议：	
		签字：　　　　　　　　　日期：	

5.4.6　任务评价

任务完成后，填写任务评价表，如表5-20所示。

表5-20 任务评价表

检查内容	检查结果	满意率		
编写数显型温湿度传感器、模拟量变送器的说明书是否符合规范	是□ 否□	100%□	70%□	50%□
编写数显型温湿度传感器、模拟量变送器的操作明细是否符合规范	是□ 否□	100%□	70%□	50%□
编写数显型温湿度传感器、模拟量变送器的注意事项是否符合规范	是□ 否□	100%□	70%□	50%□
模拟售后服务上门服务是否有不合理的地方	是□ 否□	100%□	70%□	50%□
售后服务单填写是否符合规范	是□ 否□	100%□	70%□	50%□
完成任务后使用的工具是否摆放、收纳整齐	是□ 否□	100%□	70%□	50%□
完成任务后工位及周边的卫生环境是否整洁	是□ 否□	100%□	70%□	50%□

5.4.7　任务反思

想一想编写产品说明书时，除了以上的方法，还有添加什么说明，更能体现产品的全部信息？

5.5 课后习题

▶▶ **选择题**

1. 智能家居系统设计中，需要考虑的最主要因素是（　　　）。

A. 设备价格　　　　　B. 用户需求　　　　C. 设备功能　　　　D. 设备外观

2. （　　　）技术常用于智能家居系统无线设备连接。

A. Bluetooth　　　　　B. WiFi　　　　　C. ZigBee　　　　D. NFC

3. 智能家居系统安全与隐私的首要关注点是（　　　）。

A. 数据传输速度　　　B. 设备兼容性　　　C. 用户隐私保护　　D. 系统稳定性

4. 智能家居系统能源管理的目的是（　　　）。

A. 提高能源效率　　　　　　　　　　B. 增加能源消耗

C. 降低设备运行成本　　　　　　　　D. 提高设备使用寿命

5. 将模拟变送器添加到云平台时，如果将传感器的信号线连接到AI2口上，那么配置相应的寄存器为（　　　）。

A. 40005　　　　　　B. 4006　　　　　C. 40007　　　　D. 0008

▶▶ **简答题**

1. 简述现阶段智能家居系统所面临的优势和挑战。

2. 智能家居系统进行售后服务时需要注意哪些事项？